水平井暂堵工具用
新型镁合金设计与性能

刘宝胜　著

北　京
冶金工业出版社
2020

内 容 提 要

非常规能源开采正急剧改变世界能源格局，水平井分段压裂技术成为储层改造、有效提高单井产量的核心技术，而桥塞等暂堵工具是该技术的关键部件。本书针对这一关键部件用的可溶性镁合金材料进行了研究总结。在介绍镁及镁合金知识的基础上，主要阐明了几种可溶性镁合金的成分设计思路、制备和加工方法，组织结构变化，力学性能，腐蚀行为，以及它们之间的相互影响关系，本书的内容旨在为生产制造桥塞等暂堵工具用可溶性镁合金提供理论依据和数据支撑。

本书可供材料、采矿、油气勘查等相关领域的工程技术人员、管理人员查阅和参考，也可供材料及油气勘查相关专业的师生阅读。

图书在版编目 (CIP) 数据

水平井暂堵工具用新型镁合金设计与性能 / 刘宝胜著 . —北京：
冶金工业出版社，2020. 12
  ISBN 978-7-5024-8830-7

Ⅰ. ①水… Ⅱ. ①刘… Ⅲ. ①水平井—封隔器—设计—研究
Ⅳ. ①TE243 ②TE931

中国版本图书馆 CIP 数据核字 (2021) 第 101155 号

出 版 人 苏长永
地   址 北京市东城区嵩祝院北巷 39 号   邮编 100009   电话 (010)64027926
网   址 www.cnmip.com.cn   电子信箱 yjcbs@cnmip.com.cn
责任编辑 夏小雪 美术编辑 彭子赫 版式设计 禹 蕊
责任校对 郑 娟 责任印制 李玉山
ISBN 978-7-5024-8830-7
冶金工业出版社出版发行；各地新华书店经销；三河市双峰印刷装订有限公司印刷
2020 年 12 月第 1 版，2020 年 12 月第 1 次印刷
169mm×239mm；9.5 印张；156 千字；144 页
58.00 元

冶金工业出版社   投稿电话 (010)64027932   投稿信箱 tougao@cnmip.com.cn
冶金工业出版社营销中心   电话 (010)64044283   传真 (010)64027893
冶金工业出版社天猫旗舰店   yjgycbs.tmall.com
(本书如有印装质量问题，本社营销中心负责退换)

前　言

　　非常规能源开采正急剧改变世界能源格局，水平井分段压裂是其核心技术，而桥塞等暂堵工具是该技术的关键部件。根据服役需求，这种材料要满足两个关键性能，一是快速溶解性能；二是高强度。轻质镁合金具有一系列优点，已经应用于很多领域，并且还有更广泛的应用前景。Fe、Cu和Ni元素可显著加速镁基合金的腐蚀，通常这些元素是需要严格控制的"杂质"元素，但这恰恰为镁基合金在可溶解桥塞中的应用提供了有利条件。本书的内容旨在为生产制造桥塞等暂堵工具用可溶性镁合金提供理论依据和数据支撑。

　　本书从非常规能源开采的生产实践角度出发，重点介绍了作者近年来设计制备的几种可溶性镁合金材料。其中，第1章重点阐述了采用镁合金制备暂堵工具的重要意义，以及镁合金的基础知识和近年来的研究进展；第2章介绍了铸造和热挤压含LPSO结构的高强Mg-9Y-Zn(Mn)合金的成分设计思路、组织结构、力学性能及腐蚀行为；第3章则是通过Cu取代Mg-9Y-2Zn中的Zn元素，从而达到可溶性要求；第4章介绍了含LPSO结构的Mg-4Y-Zn-Cu合金的成分设计思路、组织结构、力学性能及腐蚀行为；第5章重点探讨了固溶热处理对Mg-4Y-2Cu合金的组织结构和性能的影响；第6章主要研究了Al掺杂对Mg-2Cu合金的影响；第7章以商业AZ91合金为基础添加了微量的RE和不同量的Cu，探讨了它们的微观结构、压缩力学性能和腐蚀行为。

　　本书的内容主要源于作者近年来的研究成果，重点阐述了可溶性镁合金的成分设计思路、制备和加工方法，组织结构变化，力学性能，腐蚀行为，以及它们之间的相互影响关系。本书侧重基础研究数据，希望能为相关的科技工作者提供参考。

　　本书的部分工作是在国家重点研发计划"科技助力经济 2020"重点专项（SQ2020YFF0405156）、国家自然科学基金（52071227）、山西省科技重大专项（20191102004）、山西省高等学校成果转化培育项目（TSTAP）的资助下完成的。本书在撰写过程中，参阅了大量文献资料，得到合作单位、科研院所和兄弟院校的大力协助，在此谨向他们表示衷心的感谢。

　　由于作者水平所限，书中不妥之处在所难免，恳请读者批评指正。

作　者

2020 年 12 月

目　　录

1 绪 论

1.1 引言

21 世纪以来，世界各国特别是一些发达国家竞相把发展新材料等新兴产业作为占领新一轮国际经济、科技竞争的制高点。我国的《中国制造 2025》《军民融合发展战略》《"十三五"国家战略性新兴产业发展规划》等一批国家战略规划也相继出台。这些战略性规划无一例外将新材料产业列入其中，高性能轻质镁合金又是新材料领域中最重要的一类。

随着经济社会发展，科学技术的发展带来全球工业自动化水平不断提高，人们对能源的需求量与日俱增，煤炭和石油等资源不断消耗。在实现能源多元化结构转型时代，油气勘探开发对象逐渐向低渗透、低品位的非传统资源转变。因此，页岩油气作为非常规能源成为世界工业结构转型国家关注的焦点和热点，主要用于燃气、城市供热、发电、汽车燃料和化工生产等，具有较高的工业经济价值。

国外较成熟的页岩油气开发区主要集中在北美地区，20 世纪 90 年代以来页岩气的成功开采使美国天然气储量增加了近 40%，改变了美国的能源格局。我国页岩气开发还处于起步阶段，2014 年我国第一个大型页岩气田在涪陵正式诞生，代表着我国继美国和加拿大之后，成为世界第三个具备运用自主知识产权开采页岩气能力的国家。

2018 年底，《人民日报》记者从中国石油川南页岩气基地获悉，该基地页岩气日产量已达 2011 万立方米，约占全国天然气日产量的 4.2%。2018 年，川南基地生产页岩气 41 亿立方米。川南已成为我国最大的页岩气生产基地。据统计数据显示：我国页岩气技术可采资源量 21.8 万亿立方米，川南地区已具备建成年产气 400 亿~500 亿立方米、长期稳产的资源条件。3500m 以内，较浅的页岩气开发技术已经稳定，川南地区页岩气开发可工作面积 1.8 万平方千米，资源量超过 9 万亿立方米。

2019 年 2 月 28 日，中国石油宣布渤海湾盆地发现"亿吨"级页岩油增储，这是渤海湾盆地 50 年以来最大的页岩油。目前，中国石油已经通过其官方网站以及自媒体平台发布此项"重量级"新闻！新华社、人民网、每日经济新闻等国内众多知名媒体纷纷发布此报道。接下来中国石油将采取"三步走"战略开采"渤海湾"亿吨级页岩油大储藏：到 2019 年年底，新建产能 11 万吨，年产油 5 万吨；到 2022 年，建成我国陆相页岩油勘探开发示范区，带动东部页岩油勘探开发；到 2025 年，整体增储 3 亿吨，新建产能 100 万吨，年产油 50 万吨，引领中国石油陆相页岩油发展。

2020 年 11 月 20 日，中国石油川南页岩气年产量达 100.29 亿立方米，建成除北美外全球最大的页岩气田，日产量连续三年实现千万方级增长，持续领跑国内页岩气领域，成为"大力提升油气勘探开发力度"的忠实践行者。

2021 年 3 月 15 日，中国石化勘探分公司针对元坝地区湖相千佛崖组页岩油气部署实施的重点探井元页 3 井试获日产页岩油 15.6 立方米、页岩气 1.18 万立方米，实现了元坝探区湖相页岩油气勘探突破。

1.2 水平井暂堵工具

水平井分段压裂技术成为储层改造、有效提高单井产量的重要手段。近年来，水平井注球滑套多级压裂已成为提高低渗透气藏和页岩气藏采收率的研究热点[1~3]。图 1.1 所示为西南石油大学杨兆中教授团队绘制的非常规油气开采过程中采用的水平井分段压裂的示意图。桥塞的使用对于大幅度提升非常规油气开采量具有非常重要的作用。

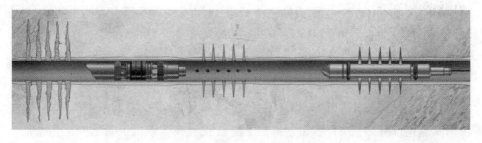

图 1.1 水平井分段压裂示意图

作为多级压裂技术的关键工具之一，在实际工程操作过程中要求材料必须具有足够的强度来承受高压。常规材料制备的桥塞，如聚醚醚酮（PEEK）、环烷酮（Torlon）、复合材料、铸铁与陶瓷材料之间的过渡经常会导致钻塞时机械钻速的波动[2~4]，加快铣刀的磨损，提高成本。采用可溶性材料的溶解去除封隔器，可以使工艺经济高效，但要求材料具有高的力学性能和溶解速率。因此，设计和制造一种机械强度高、降解速度快的新型压裂球材料是一项重大而紧迫的挑战。

图 1.2 所示为可溶性桥塞的结构示意图。通常桥塞包括推力环、锚牙、卡瓦锥体、胶筒、锁紧接头五部分。桥塞均采用高强度可溶解材料制成，压裂完成后因时间、温度和井液的共同作用，桥塞本体、胶筒和压裂球等均自动降解、溶解。可溶桥塞具有有效时间长、经济时效性高等优势，可以实现井筒全通径，并适应于多种液体体系。可溶桥塞较广的适应性可以承受70MPa 的巨大压力，而且在压裂作业完成后可以完成自我溶解，不会造成井筒的堵塞，使石油及油气顺畅地从井道喷出，实现开采[5]。

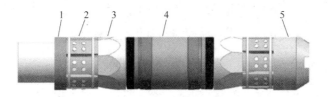

图 1.2 封堵工具——可溶性桥塞的结构示意图[7]

1—推力环；2—锚牙；3—卡瓦锥体；4—胶筒；5—锁紧接头

镁合金作为结构材料中最轻的一类金属，密度仅有 1.74g/cm³，原子直径为 0.320nm[6]，这一尺寸有利于多种元素固溶到镁中实现合金化；并且镁在地壳中的储量仅次于铝和铁，同时具有吸震性能高、铸造性能好、切削性能优良、高的散热性、高的电磁屏蔽性、易回收等优良性质，被誉为是 21 世纪最富有开发潜力的新型材料[7~9]。但镁的高化学活性，使镁合金在潮湿、CO_2、SO_2 和 Cl^- 的环境中容易快速腐蚀溶解，在空气中也容易发生氧化，影响应用和寿命。

目前，根据镁合金耐腐蚀性能差的特点，镁合金作为一种可降解生物材料在医疗领域兴起了一股研究热潮，生物医用镁合金材料被看做是具有广泛应用前景的新型医疗材料[10,11]。而镁合金作为一种可降解暂堵工具用的新型材料，在石油和天然气开采领域的研发和应用刚刚兴起[12~14]。这种新型可溶性镁合金可以在井下完成分段压裂工作之后自行分解，从而避免了阻塞现象，不仅可以降低事故的发生频率，而且可以降低施工成本，对于低品位油气的开采有着相当重要的意义。

当前，国内外对于可降解镁合金暂堵工具材料已有报道，例如 Mg‑17Al‑7Cu‑3Zn‑1Gd 合金、Mg‑17Al‑3Zn‑5Cu 合金、Mg‑3Zn‑1Y‑4Cu 合金等[15~17]，本书作者在这些研究的启发下，展开了大量关于可溶性镁合金的研究与开发。

1.3　镁及镁合金

1.3.1　镁合金的特性

镁的基本性质见表 1.1[18~21]。密排六方（HCP）结构的镁在正常情况下晶格常数分别为 $c = 0.5199nm$，$a = 0.3202mm$，$c/a = 1.623$，接近理想密排 $c/a = 1.634$[22]，在 300K 下的密度为 $1.748g/cm^3$，当镁接近熔点时，其密度为 $1.544g/cm^3$。化学活性强，很容易被空气氧化产生氧化膜，抗腐蚀性能力差。

表 1.1　镁的基本性质

性　　质	数　值
原子序数	12
原子价	2
相对原子质量	24.305
原子体积/$cm^3 \cdot mol^{-1}$	14
熔点/K	923
沸点/K	1380
再结晶温度/K	423
弹性模量/GPa	44
凝固收缩率/%	4.2
熔化潜热/$kJ \cdot kg^{-1}$	360~377
燃烧热/$kJ \cdot kg^{-1}$	24900~25200
273K 下的电导率/$(\Omega \cdot m)^{-1}$	423×10^6

镁合金的特性见表 1.2[23]。

表 1.2　镁合金的特性

特性	特性的运用
密度小	镁合金密度最小，为铝的 64%、钢的 23%；同时，它与钢及铝的合金相比，比强度较高，而比刚度相似，同时具有较低的弹性模量

续表 1.2

特性	特性的运用
阻尼容量大	镁合金有很强的阻尼容量，即减少振动性，镁合金可吸收振动、噪声，可减少设备的振动、噪声的传递，减少冲击破损
弹性模量低	镁合金的弹性模量低，当它受到外力时，应力分布均匀，可避免过多力聚集在一起，在弹性范围内受到力的冲击时镁合金吸收量是铝的 1.5 倍
良好的切屑能力	镁合金具有良好的切削能力，加工时间短，切削阻力小，不需要机械的磨削、抛光，镁合金不用打磨液进行打磨也可以得到很好的光度
良好的铸造性能	可以采用壳型铸造、低压铸造、压铸等几乎所有的铸造工艺来铸造成型
回收性好	镁的回收比大部分金属消耗的能量少，因而镁合金的废品大多都可以回收再重新铸造

1.3.2 镁合金的分类

1.3.2.1 Mg-Al 系合金

在所有已知的二元合金系中，Mg-Al 二元合金系最早得到应用与推广，到目前为止是牌号最完善、受益和应用范围最广的一个系列，分为铸造合金和变形合金。

Mg-Al 二元合金的平衡和非平衡结晶过程可借助于 Mg-Al 二元合金相图来讨论，如图 1.3[19] 所示。

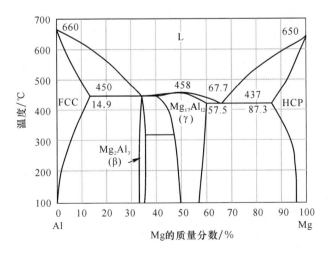

图 1.3 Mg-Al 二元合金相图

在 437℃，Al 在 Mg 中的最大溶解度为 12.7%，室温时，溶解度大约只有 $w(Al) = 2\%$，在溶解度范围内，Al 在 Mg 中冷却时首先发生 L→α 匀晶反应，当合金冷却到固相线处时匀晶反应结束。在合金缓慢冷却过程中，通过扩散 Al 原子不断向四周基体移动使得 α-Mg 固溶体的合金成分均匀化。继续冷却 α-Mg 单相固溶体到达固溶度曲线以下时，第二相 γ-$Mg_{17}Al_{12}$ 不断开始从 α 固溶体中沉淀析出。因此，合金成分的室温组织是 α 固溶体与 γ 相的混合物。γ 相的存在可以显著提高镁合金的强度，γ 相随 Al 含量增加而增多。但 γ-$Mg_{17}Al_{12}$ 在晶界析出会降低其抗蠕变性能[24]。

一般为了提高镁合金的性能，Mg-Al 合金中还添加有一些 Zn、Mn 等重要合金元素。Zn 元素在 Mg-Al 合金中以固溶体形式存在。当 Zn 的加入量 $w(Zn) > 2\%$时，γ-$Mg_{17}Al_{12}$ 相中的合金成分会增加含 Zn 的三元金属间化合物，合金伸长率会降低，所以这种成分的合金通常利用固溶处理避免基体中存在的热应力产生裂纹甚至开裂。Mn 在 Mg-Al 合金中以游离单质存在，能和 Al 形成金属间化合物；当有 Fe 存在时，则能生成三元化合物 Mn-Al-Fe。

1.3.2.2 Mg-Zn 系合金

Mg-Zn 系的合金主要包括了 ZK（Mg-Zn-Zr）系列、ZE（Mg-Zn-RE）系列和 ZC（Mg-Zn-Cu）系列。Mg-Zn 二元合金相图如图 1.4[25] 所示。

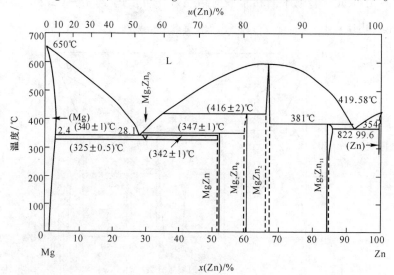

图 1.4 Mg-Zn 二元合金相图

ZK 系合金主要用于制造操作系统的摇臂及支座等受力件。但由于 ZK 系合金存在着塑性比较差和热裂性倾向严重等问题，所以合金的力学性能仍然需进一步提高[18]。Zn 作为 ZK 系合金中的主要合金元素，影响着合金的力学性能。固溶强化和时效强化是 ZK 系列合金的主要强化机制，这是由于 Zn 的原子半径相比 Mg 的小，而且 Zn 在 Mg 中的固溶度也适中。但是 Mg-Zn 二元系合金晶粒会比较粗大，显微结构中有大量显微缩孔和缩松存在，这样力学性能较差，无法作为结构材料使用，而锆能够有效解决晶粒粗大的问题，使得晶粒细化，显微缺陷减少。

ZE 系列 Mn-Zn 合金中含有稀土元素，加入这些稀土元素可以改进材料的各种性能。稀土元素作为重要的合金化元素，具有独特的核外电子结构，有以下作用：（1）能与基体生成高熔点、热稳定性好的第二相，起固溶和沉淀强化作用，提高耐蚀性；（2）适量可以细化晶粒，改善综合性能；（3）可有效地除去溶液中的氢气、氧气和杂质，提高合金的铸造性能[21]。因此被称为"工业味精"的稀土，在提高镁合金力学性能和腐蚀性能的研究开发中备受重视[26,27]。ZC 系列镁合金是在经历了时代的变迁和科技的进步后而新兴起来的新型镁合金，在此不做过多的介绍。

1.3.2.3 Mg-RE 系合金

近年来，对镁合金中加入稀土元素的研究表明，稀土元素可增强合金的力学性能，同时改善其耐热性能。稀土镁合金中析出高熔点、热稳定性好的第二相，可显著提高合金的耐热性能。此外，稀土元素在 α-Mg 基体中具有较高的固溶度，且其固溶度随原子序数增加而增加，固溶和时效强化效果也随原子序数的升高而提高，但其固溶度随温度降低而减少，这样就可以在高温下使稀土元素溶入到基体形成过饱和固溶体，然后在较低温度下时效析出纳米级颗粒相来强化合金。镁和稀土元素在富镁端会发生共晶反应，共晶相以网格状分布于晶界上，能够很好地抑制缩松、缩孔的形成。稀土元素还可减少金属表面氧化物缺陷，使合金具有优良的高温抗氧化性能力。

研究发现稀土元素还可提高镁合金塑性成型性能，La、Y、Gd、Ce、Nd 等稀土元素有助于激活非基面滑移系，弱化织构，从而显著提高镁合金的室温塑性及热成型性能。稀土元素弱化织构的机理是改变了镁基体的堆垛层错能，并对溶质原子起拖拽和钉扎效应。稀土元素 Y 加入镁合金中可激活锥面

$<c+a>$滑移系，并在室温下提高镁合金的塑性。所以，大多用来制备薄板或厚板、挤压材和锻件[17,18]。

1.3.3 镁合金的制备技术

（1）镁合金材料的制备。各种镁合金均可通过半连续铸造技术制备，原材料主要有商业纯镁（99.95%，质量分数）、铝（99.98%，质量分数）、锌（99.95%，质量分数）、镁-20%钇（质量分数）中间合金和铜（99.95%，质量分数）等。在SF_6+CO_2混合气体保护下的电阻炉中，将熔体搅拌并在760℃下均化30min，然后倒入直径90mm的水冷钢模中，将获得的铸锭加工成直径80mm的圆棒。

（2）挤压。挤压设备为国产XJ-500卧式挤压机，挤压方式为正挤压，挤压铸锭直径为80mm。挤压筒工作尺寸：450mm×85mm（长×直径），挤压力可达500t。在挤压前，将挤压模具和铸棒放入热处理炉进行预热，铸棒先固溶处理，然后冷却至挤压温度时开始挤压。在挤压过程中，对挤压棒材进行牵引矫直，确保挤压棒材不发生弯曲，最后挤压棒材空冷至室温。通过电感耦合等离子体原子发射光谱法（ICP-AES）测定所研究合金的化学成分，结果详见各章成分表。

（3）镁合金材料的组织结构观察。用光学显微镜（OM）、场发射扫描电子显微镜（FE-SEM；日立S-4800，日本）、能量色散X射线光谱（EDS；牛津仪器-8253，英国）、透射电子显微镜（JEOL JEM-F200（HR））和X射线衍射（XRD；RigakuD/MAX-2500，日本）对合金的微观结构、相结构和组成进行表征，并使用Jmat-Pro软件进行计算。进行组织结构观察前，样品分别在200号、400号、600号、800号、1000号和3000号水砂纸上进行研磨，最后在尼绒布上抛光，直至样品检测面呈镜面且无明显划痕，用乙酸（5mL）、苦味酸（5.5g）、蒸馏水（10mL）和乙醇（90mL）[3]组成的溶液刻蚀。

1.4 镁合金的力学性能

1.4.1 镁合金的强化机制

为了改善镁合金的力学性能，国内外工作者们进行了大量研究，比如通过细化晶粒、添加大量固溶原子、引入新的细小颗粒等手段，能够有效提升镁合金的强度。主要的强化机理包括固溶强化、细晶强化、析出强化、长周期相结构（LPSO）强化、加工硬化和织构强化。目前中高温镁合金的开发是在合金化的基础上，综合运用以上强化机理，通过基体与晶界共同强化使晶界滑动和位错运动受阻，从而提高镁合金的中高温性能。

（1）合金化。中高温镁合金合金化设计的主要依据是合金元素的固溶度和化学亲和力的大小，同时要兼顾合金元素对镁合金的组织性能的影响。合金化的合金元素可分为以下两类：1）稀土元素。Gd、Y、Nd 等稀土元素在镁中的固溶度较大，且随温度降低逐渐减小，对镁合金基体可起到良好的固溶强化和析出强化的效果。在镁合金中加入稀土元素能净化熔体、细化晶粒、改善组织，进一步提高合金室温和高温力学性能，极大地改善合金的耐蚀性等。2）碱土元素。碱土元素在镁中的固溶度比稀土元素低，但其成本低廉，在镁合金中添加微量的 Ca、Sr 等碱土金属元素，能与镁形成高熔点化合物，可大幅度提高镁合金的耐热性。

（2）固溶强化。固溶强化是镁基体和溶质原子经过合金化发生晶格畸变使强度、硬度得到提高的现象。将与镁有半径差的合适合金元素加入到镁基体中，会产生固溶强化，提高强度[28]。这主要是因为溶质原子在溶剂中会形成柯垂尔气团，从而起到钉扎位错的作用，同时溶质原子与位错的交互作用会阻碍位错的运动，使得强度得以提高[29]。

（3）时效强化。时效强化指的是镁基体固溶合金元素之后，在常温或加热保温的条件下使第二相金属间化合物从固溶体中析出，形成弥散分布的硬质质点，起到阻碍位错的运动，使得强度提高的现象[30]。当前，镁合金的时效强化机制还处于认识的初期。一般的时效强化分为 4 个阶段，但是镁合金的 4 个阶段可能会不完全出现，因此它的时效强化过程要复杂得多[31]。

（4）细晶强化。细晶强化是镁合金最重要的强化方式之一，主要机制是通过晶界（包括亚晶界）对位错运动的阻碍造成位错塞积，从而提高合金的强度[32,33]。多晶镁合金的屈服强度与晶粒尺寸满足 Hall-Petch 关系式：$\sigma_y = \sigma_0 + kd^{-1/2}$。式中，$\sigma_0$ 是 Mg 单晶屈服强度，反映晶粒内部对变形的阻力，约为 11MPa；k 是 Hall-Petch 强化系数，反映晶界对变形的影响；d 表示晶粒尺寸。镁合金的晶粒细化包括铸造镁合金的晶粒细化和变形镁合金的晶粒细化。铸造镁合金的晶粒细化方法主要包括变质处理和外场处理，变质处理是在镁合金中添加晶粒细化剂，添加 Zr、Ca、Sr、B 等元素均能不同程度的细化镁合金铸锭晶粒。其中 Zr 被认为是最有效的晶粒细化剂之一，向不含 Al、Mn 等元素的合金中添加 Zr 能通过在镁熔体凝固过程中引入异质形核质点促进晶粒形核从而显著细化铸造镁合金晶粒。变形镁合金的晶粒细化主要通过塑性变形过程中的动态再结晶实现，且铸件晶粒的细化有助于提高变形能力并获得更加细小的动态再结晶晶粒。

（5）第二相强化。当合金元素与基体发生反应生成硬质点第二相以细小的微粒均匀分散在基体中时，可显著强化综合性能，这种强化作用称为第二相强化。

第二相以细小、弥散、均匀的形式分布在基体中，从而阻碍位错和滑移的运动，使得材料性能得以提高。

（6）LPSO 结构强化。在一定的温度、冷却速度和合金成分等条件下，对于 RE、Zn 成分接近于一定原子比的无序固溶体，当无序固溶体从高温缓冷到某一临界温度以下时，会发生有序化，形成 LPSO 结构。简单地说，LPSO 结构相当于有序化的堆垛层错中填满了溶质元素，每一条层错中只有一种元素。

在镁基体中形成的 LPSO 结构不但可以增强基体，还可以通过抑制孪晶形成降低变形合金的拉压不对称性，从而进一步扩大镁合金的应用范围。LPSO 结构强化的铸造镁合金经过挤压或轧制后显示出较高的室温拉伸屈服强度（350~520MPa）和伸长率（5%~15%），同时，其 473K 的高温屈服强度亦为可观（250~350MPa）。这些力学性能优于传统镁合金，如 AZ91 合金等。

（7）加工硬化。镁合金在塑性变形过程中，当外力超过了屈服强度之后，塑性变形需要不断增加外力才能继续进行，这种阻碍继续塑性变形的能力称为加工硬化。塑性变形会导致位错数量的显著增加；同时，位错间的相互作用会产生更多的内应力。在塑性变形初期，基础滑移系上的位错滑移至关重要。随着变形程度的增加，交滑移会发生并引发位错的增殖，冷变形区域中会形成高角度晶界和位错缠结，并有可能进一步形成位错网等亚结构。高的塑性变形量意味着对位错更强的阻碍，从而会更多地提升材料的强度，但同时也会降低材料的塑性。换句话说，加工硬化本质上是通过牺牲材料的塑性来提升材料的强度。

1.4.2　含 Cu 镁合金的力学性能研究

随着新材料的快速发展，最近几年国内外关于镁合金的研究越来越广，但是对于应用于特殊领域的镁合金材料却相比较少。具有高强力学性能并且能够快速降解的变形镁合金的研究相对来说比较欠缺。因此，如何保证镁合金在具有较好的力学性能的同时又能达到快速降解的目的，从而应用到更广的领域，对镁合金产业的发展有着非常重要的意义。

Chen 等人[34]为了寻找可分解的压裂球的理想材料在 Mg-17Al-3Zn 合金中掺杂了 Cu，研究表明 Cu 的加入不仅影响了 T 相的数量而且影响了其形态与分布，Al 的分布规律也很大程度受到 Cu 的影响。这些微观结构的调整会影响合金的力学性能和腐蚀性能，Mg-17Al-3Zn-5Cu 合金可用于可降解的压裂球。E. Abe 等人[35]研究了沿着 c 轴的（0001）基面的 LPSO 相在强化 Mg-Zn-Y 稀土镁合金力学性能方面所起的至关重要的作用，长周期 LPSO 相可提高合金的压缩性能。万铭俊[36]等人研究了添加 Cu 元素生成的连续网状分布的 Mg-ZnCu（Laves 相）强化相，但它的沉淀强化作用比较弱，室温拉伸强度仅为178MPa。胡耀波[37]的研究表明，MgZnCu 强化相经时效处理，不仅可起到沉淀强化作用，而且合金的高温力学性能也可得到明显提高。Unsworth 等人[38~40]通过在 Mg-Zn 合金中添加不同含量的 Cu 元素使 Mg-Zn-Cu 合金的拉伸性能、疲劳强度、抗蠕变性能得到了一定的提高，当 Cu 含量大于 1%时，合金晶粒有明显的细化作用；且存在于共晶 $Mg(Cu, Zn)_2$ 中的 Cu 可以有效减小 Cu 对合金腐蚀性能的影响。Wang Jing[41]等人采用时效处理 Mg-8Zn-1Al-0.5Cu-0.5Mn 合金，在时效过程中有大量细小弥散颗粒相的析出，使合金的抗拉强度从 250MPa 提高到 328MPa，屈服强度由 97MPa 提高到 228MPa，伸长率达到了 16%。

1.4.3 力学性能的测试方法

1.4.3.1 拉伸实验

试验采用 INSTRON 万能材料试验机对合金进行拉伸力学性能测试，采用视频引伸计，拉伸试样的尺寸如图 1.5 所示。根据此尺寸用慢走丝线切割机切取拉伸样品，并将试样表面打磨光滑（避免氧化层对力学性能的影响），用游标卡尺测量标距段横截面的宽度和厚度，从而计算出试样的横截面积；每种成分和状态的试样测量 3 个，取重复率较好的曲线作为试样的最终测试结果。

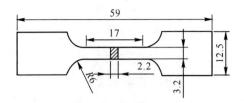

图 1.5　拉伸试样的尺寸

1.4.3.2　压缩实验

用于压缩试验的样品沿合金的横向加工，高度 15mm，直径 10mm。用 CMT-5504 电子万能试验机在 $0.5×10^{-3}$ m/s 的应变速率下测量了合金的压缩性能。每次测量至少重复 3 次。每个裂缝表面用 FE-SEM（日立 S-4800，日本）观察。

1.5　镁合金的腐蚀行为

1.5.1　镁合金的腐蚀种类

镁合金的腐蚀形貌有全面腐蚀和局部腐蚀，其中局部腐蚀又分为四类：点腐蚀和丝状腐蚀、晶间腐蚀、缝隙腐蚀、电偶腐蚀（见表 1.3）等。其中以点腐蚀最为常见，而在所有的腐蚀过程中都会有电偶腐蚀的参与。

表 1.3　镁合金腐蚀的特点

种类	特　点
点腐蚀和丝状腐蚀[42~44]	点蚀是镁合金常见的一种局部腐蚀形态。它起源于镁合金表面的一些点蚀源，比如表面膜不完整处、缺陷处，第二相临近的镁基体等，一旦形成蚀孔，蚀孔内外就构成了一个微电偶电池，蚀孔向深处扩展，最终形成点蚀。丝状腐蚀一般发生在氧化膜和保护性涂层下面，因丝状腐蚀并不需要环境中的氧，故腐蚀速率较快，丝头有氢气泡产生。因为镁的活泼性，便有了一层膜，当没有涂层时，镁的表面也能发生这种腐蚀。这种腐蚀是由镁合金的微观结构与成分等因素决定腐蚀的扩展方向
晶间腐蚀	晶间腐蚀是由于镁合金晶粒间及晶界区局部的化学成分不同，沿着晶界区内部发展的一种局部腐蚀。当金属间化合物在晶界处的电位比基体 Mg 更低时，晶界作为阳极优先腐蚀，破坏晶粒间的结合

种类	特　点
缝隙腐蚀	这种腐蚀是因为缝隙内外存在氧浓度差，在缝隙内氧的浓度比较低，使之成为阳极，腐蚀刚开始的时候氧比较充足，缝隙外部会使内部的腐蚀加速，随着反应进行到一定程度之后，缝隙内会形成自催化条件，使缝隙内部的腐蚀加速。但是因为镁对氧不怎么敏感，这种腐蚀一般不会发生
电偶腐蚀[45,46]	电偶腐蚀又称接触腐蚀，分为微观电偶腐蚀和宏观电偶腐蚀。因为镁有非常低的电极电位（−2.37V），所以镁及镁合金与一般金属相接触时，如 Ni、Cu 作为阳极而发生腐蚀，这类腐蚀称为宏观电偶腐蚀。而在镁合金内部，与 Al、Zn、Sn 等合金元素形成第二相的电极电位高于镁基体而成为阴极相，基体则作为阳极发生腐蚀，这类腐蚀称为微观电偶腐蚀。电偶腐蚀是最容易发生的腐蚀，是镁合金腐蚀的主要方式

1.5.2　镁合金的腐蚀机制

镁腐蚀的总反应式为：

$$Mg+2H_2O = Mg(OH)_2+H_2 \tag{1.1}$$

对以上的反应来说，镁及镁合金的腐蚀过程就是以析氢为主的电化学腐蚀过程，包括阳极和阴极反应。

阳极反应为：

$$Mg = Mg^{2+}+2e \tag{1.2}$$

阴极反应为：

$$2H_2O+2e = H_2+2OH^- \tag{1.3}$$

一般金属在腐蚀过程中，阳极反应速率随外加电压的加大而加快，阴极反应速率会降低。但镁的腐蚀过程却很反常，不一样的机理反映的就是不一样的中间过程，总结起来，有以下 5 种[47~49]。

1.5.2.1　氢化镁促溶

这种情况下的反应，主要是因为镁合金上有一层氢化镁薄膜。首先，镁被还原为氢化镁：

$$Mg+2H^++2e \longrightarrow MgH_2 \tag{1.4}$$

该模型的关键是水溶液中镁表面氢化镁的存在。一个强有力的证据表明，该模型的材料是从镁电极表面的 X 射线衍射分析，发现有氢化镁。在理论上，如果析氢过电位超过 1V，氢化镁在水溶液中是稳定存在的。氢化镁可能是镁在水中生成的第一层膜，当溶液中不存在氧化剂和氧，也没有氢氧化物时它可以稳定的时间。这就能理解在这样的情况下为什么没有滞后现象。因为在强酸的液体中，氢化镁的溶解比其生成要快。

1.5.2.2　单价镁离子过渡

这种情况下首先把 Mg 氧化成 Mg^+，把 Mg^+ 假想成是这个反应中的一个中间产物：

$$Mg \longrightarrow Mg^+ + e \tag{1.5}$$

因为 Mg^+ 不稳定，因此很快被质子和水氧化成了二价镁离子：

$$2e + 2H^+ \longrightarrow H_2 \text{（酸性溶液）}$$

$$2Mg + 2H_2O \longrightarrow 2Mg^{2+} + 2OH^- + H_2 \text{（中性溶液）}$$

析氢现象可以由上述这两个公式解释。

1.5.2.3　表面膜破坏

这种情况下，不需要去考虑析氢反应和镁溶解，它们的反应速度是镁表面膜和破坏处的溶解和析氢反应之和，以下的式子可以表示表面的破坏，用 θ 来表示表面破坏处的分数：

$$I_H = \theta I_{HO} \exp\left(\frac{E - E_{He}}{b_{HO}}\right) + (1 - \theta) I_{HP} \exp\left(\frac{E - E_{He}}{b_{HP}}\right) \tag{1.6}$$

$$I_{Mg} = \theta I_{MgO} \exp\left(\frac{E - E_{Mge}}{b_{MgO}}\right) + (1 - \theta) I_{MgP} \exp\left(\frac{E - E_{Mge}}{b_{MgP}}\right) \tag{1.7}$$

式中，平衡电位 E_{He} 和 E_{Mge} 分别为镁溶解和析氢反应；金属镁表面的交换电流密度为 I_{MgO} 和 I_{HO}；镁表面膜上的交换电流密度为 I_{MgP} 和 I_{HP}；它们在金属镁与镁表面膜上的动力学参数为 b_{HO}、b_{MgO}、b_{MgP} 和 b_{HP}。

1.5.2.4　溶解脱落理论

这个理论认为，镁在溶液中的腐蚀是不均匀的，可能存在一些周围镁被腐蚀之后脱落了的颗粒[50]。这就能解释镁在发生极化时用法拉第理论计算的结果小于腐蚀失重。

镁中肯定会存在一些杂质，而这些杂质很可能就是那些脱落的颗粒。这些颗粒杂质最后脱落到溶液中去，这样镁反应除了镁基一直在进行，而且在那些脱落的颗粒上也进行。因为在最后的实验测量中颗粒上进行的反应会被算进去，这就使得最后测量的镁的溶解量大于理论数值。

1.5.2.5 综合理论

结合以上理论的不同之处，再加以研究，就得到了一个较为全面的理论。这个理论认为，在镁的表面膜有一个裂缝，而且这个裂缝会随着电位升高而加大。这个裂缝对镁的腐蚀起决定性作用。

当镁电极的电位比较低时，镁的表面膜完整，没有裸露镁的情况下，这个时候的析氢反应主要是在阴极上产生，并随着电位的降低而减少。当电极电位不断升高时，到达一定数值后表面膜开始局部被破坏，镁就露出来了，这时镁就同时发生"阳极析氢"和"阴极析氢"。

到了腐蚀后期，一些不均匀腐蚀或局部严重腐蚀会导致一些颗粒的脱落，如图 1.6 所示。

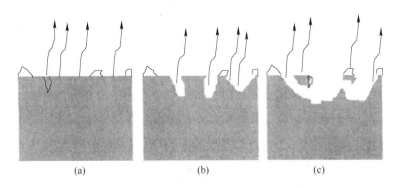

（a）　　　　　　　　（b）　　　　　　　　（c）

图 1.6　镁颗粒腐蚀脱落过程示意图[49]

（a）初期阶段；（b）中期阶段；（c）后期阶段

总而言之，综合腐蚀模型的要点有：

（1）部分的表面膜遭到破坏；

（2）膜破坏处的阴阳极析氢与单价镁离子溶解；

（3）很负的膜破坏电位；

（4）镁颗粒的不均匀脱落。

1.5.3　镁合金的腐蚀研究

尽管镁合金有一系列性能优点[51~53]，但是由于镁合金的腐蚀性能差[54]，因此严重影响了其应用领域的进一步拓展[55,56]。通常镁合金的腐蚀行为取决于以下三个主要因素：合金化、表面腐蚀产物膜和环境因素[47,57]。研究工作者做了大量工作来提高镁合金的腐蚀性能，有的通过添加合金元素进行合金化，有的通过改善表面结构进行表面处理[12]，还有的通过表面成膜进行表面涂层处理等[58~65]。镁合金的微观结构也影响其腐蚀行为，如二次相的分布、金属间化合物的数量、基体相晶粒大小、表面膜的成分和稳定性等。另外，镁合金的化学活性和杂质元素的含量也会影响它的腐蚀特性，一般情况下，在镁合金中合金化最常见的元素是 Al 和 Zn，它们都会不同程度地影响镁合金的物理性质、化学性质和力学性能[47]。

Hanawalt 等人[66~68]研究了 14 种元素对二元镁合金在盐水中腐蚀速率的影响。发现常存杂质元素 Fe、Ni、Cu 的含量低于 0.2% 时，腐蚀速率就会 10 倍、100 倍地增加，这与它们在 Mg 合金中的固溶度有关，Fe 几乎不溶于 Mg，以单质 Fe 分布于晶界，而由于原子半径的原因 Ni、Cu 等在 Mg 中的溶解度极小，与镁基体形成金属间化合物分布于晶界，形成晶间腐蚀，所以这些杂质元素都不能超过容许极限，否则腐蚀速率成倍增加，合金元素铝、镉、锰、硅、锡等有益元素在含量小于 5% 时对腐蚀速率几乎没有影响，锌、银及钙合金元素在含量小于 5% 时腐蚀速率稍有增加。

蔡树华等人[69]研究了 Mg-Zn 二元合金中不同 Zn 元素对其腐蚀性能的影响，发现合金的耐蚀性能随着 Zn 含量的增加，呈现先提高后下降的趋势。这是因为添加 Zn 元素可以改善镁合金基体表面氧化膜的腐蚀性能，但随着 MgZn 阴极相含量的增加，会降低合金的耐蚀性能。张二林等人[70]研究了 Mg-Zn-Y 合金中含 Zn 量低的腐蚀性能，发现只含 I 相或 W 相的单一相合金其腐蚀速率要比同时含 I 相和 W 相两相的合金腐蚀速率低得多，且 W 相较 I 相阴极加速效应更强。

张亚从等人[71]研究了不同锌含量对 Mg-Zn-Y-Zr 镁合金腐蚀性能的影响，认为随着 Zn 含量的增加，第二相 W 相也增多，使得电偶腐蚀效应加速、合金的耐蚀性变差。王丹等人[72]研究了不同微量铝对 Mg_{97}-Zn_1-Y_2 合金腐蚀性能的影响，发现微量 Al 元素可以有效提高合金耐蚀性能。但随着 Al 添加量不断增加，合金的耐蚀性不会发生明显变化，因为室温下 Al 元素在 Mg 中仅有有限的固溶度。

Zhang 等人[73]研究了 Gd 的加入对 Mg-Zn-Y 合金的腐蚀性能的影响。腐蚀电位随着 Gd 的加入呈下降的趋势。而当 $x = 0.5$ 时，$Mg_{97-x}Zn_1YGd_x$ 合金拥有更好的抗腐蚀性，这主要是由于网状结构的 LPSO 相占有大的体积分数，从而导致了其拥有更好的抗腐蚀性能。Peng 等人[74]研究了局部凝固法制备的 Mg-Y 合金的综合性能，发现合金为高纯化合金并且合金的力学性能和耐腐蚀性能得到极大地提高，这主要是因为在局部凝固过程中高温梯度和扇形凝固装置使杂质聚集在熔体的表面和底部，纯化了熔体。所以局部凝固法可以减小二次枝晶间距、细化晶粒，具有操作简单的优点。Leng 等人[75]的研究表明锻压可以提高 Mg-Y 合金的腐蚀性能，主要由于在锻轧过程中合金中有 18R 长程有序（LPSO）相的存在，使腐蚀部位发生在 LPSO 相和镁基体之间的表面。

1.5.4 镁合金的可溶解性

腐蚀性能差被认为是镁合金的主要缺点，也极大地限制了其应用。但是任何事情都是有其两面性的，高的腐蚀速率也可以用在某些特定的场合。例如，为了手术目的而开发的可降解的镁生物植入器，可以减轻手术后所带来的一些永久性的问题[76, 77]。同样，在石油和天然气开采领域的压裂过程中，封堵材料可以快速降解是一个重要的环节。传统的封堵材料由于降解比较缓慢，对于生产来说产生了很大的困扰，这就需要在钻孔的过程中挖出一个管道用以清除封堵材料，这给施工增加了成本和运行时间[78~80]。因此，需要一种新型的高强度、高腐蚀率以及中等力学性能的新型材料，而快速降解的镁合金就成为应用的一种可能。

Cor[81]报道了当 Cu 的含量超过 Mg-Al 系合金的容许极限时，腐蚀速率迅速增加。周苗等人[82]报道了通过浸没测试和电化学测试的 AZ31-xCu 的腐蚀性能，研究发现 Cu 的添加促进了 AZ31 合金的腐蚀，Cu 的添加促进了 AlCuMg 相在 AZ31-xCu 中的形成，并在合金中充当着阴极，与阳极的镁发生反应，从而加速了合金的降解，降解速率为：AZ31-3Cu>AZ31-1.5Cu>AZ31-0.5Cu>AZ31。胡越等人[83]研究报道了 AZ91D 镁合金中加入镍包硅藻土对其耐腐蚀性能的影响。镍包硅藻土的加入可以加快提高 AZ91D 镁合金的腐蚀性能，含3%镍包硅藻土的AZ91D镁合金在50℃、0.5%氯化钠溶液中浸泡12h，腐蚀严重，腐蚀速率达18.026mg/(cm^2·h)，极化曲线腐蚀电流随着镍包硅藻土的增加迅速增大，表现为腐蚀速率迅速增大，腐蚀产物主要为块状的Mg(OH)$_2$和针状的Mg$_2$(OH)$_3$Cl·4H$_2$O。而AZ91D镁合金在50℃、0.5%氯化钠溶液中浸泡12h只有少量点蚀。

1.5.5　腐蚀行为的研究方法

1.5.5.1　电化学方法

镁合金腐蚀大部分是一个电化学腐蚀过程。电化学腐蚀需要电接触的阳极和阴极以及通过电解液的离子传导路径。电化学腐蚀包括阳极和阴极之间的电子流，该电子流的速率与发生在表面的氧化和还原反应的速率相对应。检测该电子流可以评估腐蚀过程的动力学，而不仅仅是腐蚀过程自发发生的热力学趋势，也不仅仅是试验后记录的累积镁合金损失。这种类型的测量被称为电化学腐蚀测量。

与非电化学实验室试验那样添加强氧化剂或提高温度相似，电化学技术是在不改变环境的情况下加速腐蚀过程，因此电化学腐蚀实验更多地成为评估腐蚀现象和反应速率的无损工具，这为原位（现场）和非原位（实验室）研究提供了可能性。因此，电化学技术可用于测量腐蚀速率，而无需将试样从环境中移除或改变试样本身。与重量损失和目测试验方法相比，电化学技术具有明显的优势，可以方便地定量研究腐蚀过程的动力学。

常用的电化学腐蚀方法主要包括动电位极化、恒电位极化和电化学阻抗谱。

镁合金样品的电化学极化是用恒电位仪完成的。辅助电极向工作电极（试样）提供电流以使其极化。参比电极和对电极以固定速率在固定时间间隔扫描电极的电位，监测工作电极和参比电极之间的电位，从而获得电化学极化曲线。

恒电位极化与动电位极化的原理相同，只是工作电极和参比电极之间的电位设置为固定值，测量电流。

电化学阻抗中，一个小幅度的正弦电位扰动被应用到工作电极上的一些离散频率上。在这些频率中的每一个频率处，产生的电流波形将显示出与施加的电位信号相差一定数量的正弦响应。电化学阻抗是一个频率相关的比例因子，它通过建立激励电压信号和系统电流响应之间的关系起到传递函数的作用。因此，电化学阻抗是它所描述的电化学系统的基本特性。了解腐蚀系统阻抗的频率依赖性，可以确定描述该系统的适当等效电路。

1.5.5.2　非电化学方法

失重法是研究金属腐蚀最常用的方法，也被一些人认为是基准标准。在失重试验中，试样的质量和几何形状是在暴露于腐蚀性环境中一段时间前后测量的。暴露条件可包括浸入腐蚀性溶液或暴露在大气条件下。例如，实际现场环境或加速大气腐蚀实验室。

在测量暴露后的试样质量之前，必须清洁试样以去除表面的腐蚀产物。这是一个非常关键的步骤，因为这可能影响结果的准确性，包括高估或低估腐蚀率（这是由于浸没后清洁不足或过度造成的）。对于镁合金而言，建议使用可能含有银和硝酸钡的稀铬酸溶液（注意：使用铬酸溶液时必须非常小心，因为这种电解质可能非常危险）。重量损失的测量受到重力仪分辨率的限制，因此需要一个精确的微量天平和多个复制品来对重量结果提供信心。尽管重量损失测量方法简单且可靠，但它们仅提供暴露期间的平均腐蚀速率，且该速率通常会随时间而变化。尽管如此，失重试验也可以提供一个暴露的表面，从中可以确定腐蚀形态的评估（即一般的、局部的等）。

另外，浸泡析氢法也是常用的测量镁合金的腐蚀速率的方法。图 1.7 所示就是利用浸泡法测量析氢量，进而测量腐蚀速率的过程示意图。

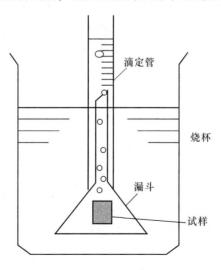

滴定管

烧杯

漏斗

试样

图 1.7　通过测量析氢量进而测量腐蚀速率的过程示意图

　　盐雾试验一直被作为确定有色金属和黑色金属腐蚀性以及金属基体上无机和有机涂层所提供保护程度的加速试验。由于再现性差异和结果与实际服务性能之间的可疑相关性，自本研究开始以来，已进行了广泛的讨论。主要目的是为比较材料和涂层的性能提供一个易于执行的验收标准。

参 考 文 献

[1] Lian Z, Zhang Y, Zhao X, et al. Mechanical and mathematical models of multi-stage horizontal fracturing strings and their application [J]. Natural Gas Industry B, 2015 (2~3): 185~191.

[2] Liu Pingli, Feng Yinsheng, Zhao Liqiang, et al. Technical status and challenges of shale gas development in Sichuan Basin [J]. China, Petroleum, 2015 (1): 1~7.

[3] Xu Z Y, Agrawal G. Nanomartix powder metal compact [P]. US. Patent, US 20110132143A1, 2011.

[4] Xu Z Y, Agrawal G, Salinas B. Presented at ATCE 2011 [R]. Denver, United States, October 30-November, 2011: 1880~1885.

[5] 王海东, 王琦, 李然, 等. 可溶桥塞与分簇射孔联作技术在页岩气水平井的应用 [J]. 钻采工艺, 2019, 42 (5): 113~114.

[6] 杨忠旺. AZ31镁合金板材等径角轧制和退火工艺研究 [D]. 长沙: 湖南大学, 2007.

[7] 陈振华, 严红革, 陈吉华. 镁合金 [M]. 北京: 化学工业出版社, 2004.

[8] Schumann S, Friedrich, Horst E. Current and future use of magnesium in the automobile industry [J]. Materials Science Forum, 2003, 419~422: 51~56.

[9] Aghion E, Bronfin B. Magnesium alloys development towards the 21st century [J]. Materials Science Forum, 2000, 350~351: 19~30.

[10] 李涛, 张海龙, 何勇, 等. 生物医用镁合金研究进展 [J]. 功能材料, 2013, 44 (20): 2913~2918.

[11] 袁广银, 章晓波, 牛佳林, 等. 新型可降解生物医用镁合金JDBM的研究进展 [J]. 中国有色金属学报, 2011, 21 (10): 2476~2488.

[12] Xu Z Y, Agrwal G, Salinas B J. Smart nanostructured materials deliver high reliability completion tools for gas shale fracturing [R]. SPE 146586, 2011.

[13] Phuong N V, Moon S. Comparative corrosion study of zinc phosphate and magnesium phosphate conversion coatings on AZ31 Mg alloy [J]. Materials Letter, 2014, 122: 341~344.

［14］ Zhang Z Q, Liu X, Hu W Y, et al. Microstructures, mechanical properties and corrosion be-
haviors of Mg-Y-Zn-Zr alloys with specific Y/Zn mole ratios ［J］. Journal of Alloys &
Compounds, 2015, 624: 116~125.

［15］ Ha C W, Choi S J, Park N J. Effects of Alloying Elements on Microstructure and Properties
of Magnesium Alloys for Tripling Ball ［J］. Metallurgical and Materials Transactions A,
2015, 46 (10): 4793~4803.

［16］ Chen L, Wu Z, Xiao D H, et al. Effects of copper on the microstructure and properties of
Mg-17Al-3Zn alloys ［J］. Materials and Corrosion, 2015, 66 (10): 1159~1168.

［17］ Zhang Y, Wang X, Kuang Y, et al. Enhanced mechanical properties and degradation rate of
Mg-3Zn-1Y based alloy by Cu addition for degradable fracturing ball applications ［J］.
Materials Letters, 2017, 195 (Complete): 194~197.

［18］ 陈振华. 变形镁合金 ［M］. 北京: 化学工业出版社, 2005.

［19］ 余琨, 黎文献, 王日初, 等. 变形镁合金的研究、开发及应用 ［J］. 中国有色金属
学报, 2003, 13 (2): 277~288.

［20］ Ghion E, Bornnn B. Magnesium alloys development towards the 21 century ［J］. Materials
Seienee Forun, 2000, 350~351: 19~28.

［21］ 秦兵. 添加 Yb、Ca 对 ZK60 镁合金组织及性能的影响 ［D］. 重庆: 西南大
学, 2011.

［22］ 朱琼. AZ80 镁合金微合金化和变形机制研究 ［D］. 大连: 大连理工大学, 2012.

［23］ 黄海军, 韩秋华. 镁及镁合金的特性与应用 ［J］. 热处理技术与装备, 2010,
31 (3).

［24］ Polmear I J. Magnesium alloys andapplications ［J］. Materials Science and Technology,
1994, 10 (1): 1~14.

［25］ 张诗昌, 段汉桥, 蔡启舟, 等. 主要合金元素对镁合金组织和性能的影响 ［J］. 铸
造, 2001, 50 (6): 310~315.

［26］ 郭旭涛, 李培杰, 熊玉华, 等. 稀土在铝、镁合金中的应用 ［J］. 材料工程, 2016
(8): 60~64.

［27］ 余琨, 黎文献, 李松瑞, 等. 含稀土镁合金的研究与开发 ［J］. 特种铸造及有色合
金, 2001 (1): 41~43.

［28］ 漆振华. Mg-Zn-Al-Ca 镁合金合金化及时效强化的研究 ［D］. 河北: 河北工业大
学, 2011.

［29］ 张思倩. 挤压变形 AZ81 镁合金的动态应变时效行为 ［D］. 沈阳: 沈阳工业大
学, 2007.

［30］ 丁亚茹, 韩建民. 镁合金的强化处理方法研究 ［J］. 内蒙古科技与经济, 2012 (1):

101～102.

[31] Jung Jae-Gil, Sung Hyuk Park. Improved mechanical properties of Mg-7. 6Al-0. 4Zn alloy through aging prior to extrusion [J]. Scripta Materialia, 2014 (93)：8～11.

[32] 夏翠芹, 刘平, 任凤章. 细晶变形镁合金的研究进展 [J]. 材料导报, 2006, 20 (9)：23～28.

[33] 郭学峰. 细晶镁合金制备方法及组织与性能 [M]. 北京：冶金工业出版社, 2010.

[34] Chen L, Wu Z, Xiao D H, et al. Effects of copper on the microstructure and properties of Mg-17Al-3Zn alloys [J]. Materials and Corrosion, 2015, 66 (10).

[35] Abe E, Kawamura Y, Hayashi K, et al. Long-period ordered structure in a high-strength nanocrystalline Mg-1at%Zn-2at%Y alloy studied by atomic-resolution Z -contrast STEM [J]. Acta Materialia, 2002, 50 (15)：3845～3857.

[36] 万铭俊, 尧军平, 张磊. Cu 对 Mg-Zn-Y 合金组织和力学性能的影响 [J]. 特种铸造及有色合金, 2015, 35 (2)：222～224.

[37] 胡耀波, 赵冲, 吴福洲, 等. Mg-Zn-Cu 系合金组织和性能研究现状与展望 [J]. 热加工工艺, 2012, 41 (2)：16～19.

[38] Zhu H M, Sha G, Liu J W, et al. Microstructure and mechanical properties of Mg-6Zn-xCu-0. 6Zr (wt. %) alloys [J]. Journal of Alloys and Compounds, 2011, 509 (8)：3526～3531.

[39] Pan H, Pan F, Wang X F, et al. High conductivity and high strength Mg-Zn-Cu alloy [J]. Materials Science and Technology, 2014, 30 (7)：759～764.

[40] Unsworth W. New magnesium alloy for automobile applications [J]. Light Metal Age, 1987, 8 (7)：10.

[41] Wang Jing, Liu Ruidong, Luo Tianjiao, et al. A high strength and ductility Mg-Zn-Al-Cu-Mn magnesium alloy [J]. Materials & Design, 2013, 47：746～749.

[42] Mitrovic-Scepanovic, Brigham R J. The corrosion of magnesium alloys in sodium chloride solutions [J]. Corrosion, 1992, 48 (9)：780～795.

[43] Schmutz P, Guillaumin V, Lillard R S, et al. Influence of dichromate ions on corrosion processes on pure magnesium [J]. Journal of the Electrochemical Society, 2003, 150 (4)：99～110.

[44] Song Yingwei, Shan Dayong, Chen Rongshi, et al. Corrosion characterization of Mg-8Li alloy in NaCl solution [J]. Corrosion Science, 2009, 51：1087～1094.

[45] 李海燕, 李志生, 张世珍, 等. 镁合金的腐蚀与防护研究进展 [J]. 腐蚀与防护, 2010, 31 (11)：878～895.

[46] 曾荣昌, 陈君, 张津. 镁合金电偶腐蚀研究及其进展 [J]. 材料导报, 2008,

22 (1):107~117.

[47] 卫英慧, 许并社, 等. 镁合金腐蚀防护的理论与实践 [M]. 北京: 冶金工业出版社, 2007.

[48] DeForce Brian S, Eden Timothy J, Potter John K. Cold Spray Al-5%Mg coatings for the corrosion protection of magnesium alloys [J]. Journal of Thermal Spray Technology, 2011, 20 (6): 1352~1358.

[49] Schulz Douglas L, Sailer Robert A, Braun Chris. Trimethylsilane-based pretreatments in a Mg-rich primer corrosion prevention system [J]. Progess in Organic Coatings, 2008, 62 (2): 149~154.

[50] Wu Pengpeng, Xu Fangjun, Deng Kunkun, et al. Effect of extrusion on corrosion properties of Mg - 2Ca - xAl (x = 0, 2, 3, 5) alloys [J]. Corrosion Science, 2017, 127: 280~290.

[51] 徐继东. Mg-Y-Zn 长周期镁合金显微组织及腐蚀性能研究 [D]. 太原: 太原理工大学, 2012.

[52] Peng Q M, Ge B C, Fu H, et al. Nanoscale coherent interface strengthening of Mg alloys [J]. Nanoscale, 2018, 10: 18028~18035.

[53] Ślęzak M, Bobrowski P, Rogal Ł. Microstructure Analysis and Rheological Behavior of Magnesium Alloys at Semi-solid Temperature Range [J]. J Mater Eng Perform., 2018, 27: 4593~4605.

[54] Liu B S, Kuang Y F, Fang D Q, et al. Microstructure and properties of hot extruded Mg-3Zn-Y-xCu (x=0, 1, 3, 5) alloys [J]. Int J Mater Res, 2017, 108 (4): 262~268.

[55] 房大庆, 梁超, 张克维, 等. Sm 对挤压 Mg-6Al-1.0Ca-0.5Mn 镁合金微观组织及力学性能的影响 [J]. 稀有金属材料与工程, 2017, 46 (4): 1110~1114.

[56] Liu B S, Wei Y H. Formation Mechanism of Discoloration on Die-Cast AZ91D Components Surface After Chemical Conversion [J]. Journal of Materials Engineering & Performance, 2013, 22 (1): 50~56.

[57] Ballerini G, Bardi U, Bignucolo R, et al. About some corrosion mechanisms of AZ91D magnesiumalloy [J]. Corrosion Science, 2005, 47 (9): 2173~2184.

[58] Xu S Q, Li Q, Lu Y H, et al. Preparation and characterisation of composite double phosphate conversion coatings on AZ91D magnesium alloy [J]. Surf Eng, 2010, 26 (5): 328~333.

[59] Yang H Y, Guo X W, Wu G H, et al. Electrodeposition of chemically and mechanically protective Al coatings on AZ91D Mg alloy [J]. Corros Sci, 2011, 53 (1): 381~387.

[60] Srinivasan P B, Blawert C, Störmer M, et al. Characterisation of tribological and corrosion

behaviour of plasma electrolytic oxidation coated AM50 magnesium alloy [J]. Surf Eng, 2010, 26 (5): 340~346.

[61] Yang H Y, Guo X W, Wu G H, et al. Continuous intermetallic compounds coatings on AZ91D Mg alloy fabricated by diffusion reaction of Mg-Al couples [J]. Surf Coat Technol, 2011, 205 (8~9): 2907~2913.

[62] Srinivasan P B, Scharnagl N, Blawert C, et al. Enhanced corrosion protection of AZ31 magnesium alloy by duplex plasma electrolytic oxidation and polymer coatings [J]. Surf Eng, 2010, 26 (5): 354~360.

[63] Cui X F, Jin G, Yang Y Y, et al. Study of gadolinium based protective coating for magnesium alloys [J]. Surf Eng. , 2012, 28 (10): 719~724.

[64] Yao Z P, Li L L, Liu X R, et al. Preparation of ceramic conversion layers containing Ca and P on AZ91D Mg alloys by plasma electrolytic oxidation [J]. Surf Eng, 2010, 26 (5): 317~320.

[65] Ghasemi A, Scharnag N, Blawert C, et al. Influence of electrolyte constituents on corrosion behaviour of PEO coatings on magnesium alloys [J]. Surf. Eng, 2010, 26 (5): 321~327.

[66] Hanawalt J D, Nelson C E, Peloubet J A. Corrosion studies of magnesium and its alloys [J]. Trans AIME, 1942, 147: 273~299.

[67] McNulty R E, Hanawalt J D. Some corrosion characteristics of high puritymagnesium alloys [J]. Transactions of The Electrochemical Society, 1942, 81 (1): 423~433.

[68] Hanawal J D, Nelson C E, Busk R S. Properties and characteristics of common magnesium casting alloys [J]. Amer Foundryman, 1945, 8 (3): 39.

[69] Cai S H, Lei T, Li N F. Effect of Zn on microstructure, mechanical properties and corrosion behavior of Mg-Zn alloys [J]. Materials Science and Engineering C, 2012, 32: 2570~2577.

[70] Zhang E L, He W W, Du H D, et al. Microstuture mechanical properties and corrosion properties of Mg-Zn-Y alloys with low Zn content [J]. Materials Science and Engineering A, 2008: 102~111.

[71] Zhang Y C, Wang J C. Corrosion behavior of Mg-Zn-Y-Zr alloys in NaCl solution [J]. Acta Metallurgica Sinic, 2011, 47 (9): 1174~1183.

[72] Wang D, Zhang J S, Xu J D. Microstructure and corrosion behavior of Mg-Zn-Y-Al alloys with long-period stacking ordered structures [J]. Journal of Magnesium and Alloys, 2014 (2): 78~84.

[73] Zhang Jinyang, Xu Min, Teng Xinying, et al. Effect of Gd addition on microstructure and corrosion behaviors of Mg-Zn-Y alloy [J]. Journal of Magnesium and Alloys, 2016 (4):

319~325.

[74] Peng Qiuming, Huang Yuanding, Zhou Le, et al. Preparation and properties of high purity Mg-Y biomaterials [J]. Biomaterials, 2010, 31 (3): 398~403.

[75] Leng Zhe, Zhang Jinghuai, Yin Tingting, et al. Influence of biocorrosion on microstructure and mechanical properties of deformed Mg-Y-Er-Zn biomaterial containing 18R-LPSO phase [J]. Journal of the mechanical behavior of biomedical materials, 2013, 28 (33): 2~9.

[76] Yuen C, Ip W. Theoretical risk assessment of magnesium alloys as degradable biomedical implants [J]. Acta Biomaterialia, 2010, 6 (5): 1808~1812.

[77] Shimizu Y, Yamamoto A, Mukai T, et al. Interface Oral Health, Science [M]. Springer Press, London, Tokyo, 2010.

[78] Watson D R, Durst D G, Harris J T, et al. Presented at CIPC/SPE Gas Technology Symposium 2008 Joint Conference [R]. Calgary, Alberta, Canada, June 16-19, 2008, 14.

[79] Solares J R, Franco C, Al-Marri H M, et al. SPE Annual Technical Conference and Exhibition [R]. Denver, Colorado, USA, 30 October-2 November, 2011, 6.

[80] Xu Z, Agrawal G, Salinas B J. SPE Annual Technical Conference and Exhibition [R]. Denver, Colorado, USA, 30 October-2 November, 2011.

[81] Cor E. Standard practice for laboratory immersion corrosion testing of metals [S]. The United States: American Society of Testing Materials, 2004.

[82] Zhou Miao, Liu Chuming, Xu Shiyuan, et al. Accelerated degradation rate of AZ31 magnesium alloy by copper additions [J]. Materials and Corrosion, 2018: 1~10.

[83] 胡越. 石油压裂用可分解镁合金的研究 [D]. 北京: 北京科技大学, 2015.

2　Mg-9Y-Zn(Mn)合金的组织结构及性能

2.1　引言

近年来，稀土镁合金已经成为研究热点。一方面，稀土元素可以提高镁合金的电子密度，增强原子间的结合力；另一方面，稀土还可以净化合金熔液、细化晶粒、改善组织，从而提高合金的综合性能[1~3]。

最近的研究结果表明，在某些 Mg-RE 合金中加入少量 Zn，在适当的加入量和工艺条件下，可以生成新颖的长周期堆垛有序结构（简称长周期结构、LPSO 结构）。LPSO 结构相具有高硬度、高塑韧性、高弹性模量以及与镁基体良好的界面结合等一系列特性，该结构相可显著提高镁合金室温和高温力学性能，同时不危害其塑韧性。例如，挤压态 $Mg_{89}Y_7Zn_4$（%，原子分数）合金（LPSO 的体积分数 85% ~ 90%）的屈服强度高达 480MPa[4,5]。而日本 S. Kamado 课题组制备的 Mg-1.8Gd-1.8Y-0.69Zn-0.16Zr（%，原子分数）镁合金，其强度达到 542MPa，断裂伸长率可以保持在 8% 以上[6]。Y. Kawamura 等人[7]通过快速凝固/粉末冶金获得的具有 LPSO 结构的 $Mg_{97}Y_2Zn_1$（%，原子分数）合金的屈服强度超过了 600MPa，伸长率还可以大于 5%。

尽管含有 LPSO 相的镁合金在力学性能方面取得了一定的成果，但是 LPSO 相对材料的腐蚀行为的影响还没有统一的认识。有文献报道认为由于镁的电化学活性高，形成的 LPSO 结构相极易与镁基体形成微电偶腐蚀，进而引起点蚀和局部腐蚀的发生[8~10]。通过挤压变形虽然会改变第二相的分布、大小和形态[11,12]，但是它们与基体之间的电极电位仍然会使其形成微电池效应，从而仍然会加速合金的腐蚀，可见镁合金的低腐蚀电位和高的化学活性在一定程度上会限制其进一步广泛应用。但也有文献报道[13]，经过固溶处理的 Mg-Gd-Zn-Zr 合金中形成的稳定的 LPSO 结构相，相对不含 LPSO 结构的铸态合金的耐蚀性明显增加，腐蚀性能提高的主要原因是由于 LPSO 结构相的存在，阻碍了腐蚀行为的扩展。可见，目前对于含 LPSO 结构相的镁合金的腐蚀行为和腐蚀机理的认知还不够。因此,研究含 LPSO 结构相的镁合金的性能,对于高性能镁合金设计及应用具有重要意义。

由于钇具有较好的成本优势和工艺性能,故是 Mg-RE 合金常用的元素之一。一方面,室温下钇具有密集六方晶格,在高温时具有同素异构转变,转变为体心立方晶格,已有研究表明钇可以显著提高镁合金的力学性能和腐蚀性能[14~18];另一方面,Zn 在镁合金中具有固溶强化和时效硬化的作用,可提高镁合金的力学性能,降低镁合金中 Fe、Ni 等杂质的影响,是提高镁稀土合金强度最有效的元素之一[18]。最近,镁钇锌合金因兼具室温高强高蠕变耐高温等优点备受关注,成为了研究的热点,其可形成 X 相、W 相、I 相等长程有序相[16]。在现阶段,热挤压是提高镁锌稀土合金力学性能的一个有效工艺[19~22],其通常通过锰元素来有效提高合金的成型。

因此,本章设计制备了三种合金(Mg-9Y-1Zn、Mg-9Y-3Zn 和 Mg-9Y-3Zn-1Mn),其化学成分见表 2.1。采用中频感应熔炼炉进行合金熔炼(保护气氛为干燥的空气+SF$_6$ 混合气体)。首先,将称重好的纯镁锭加入预热温度约 500℃ 的坩埚中,继续加热到 730℃ 左右时保温,使镁锭全部融化。然后加入称重好的 Mg-20Y 中间合金和纯锌锭,同时搅拌,添加结束后,加热到 760℃ 后静置 15min;等温度降低到 700℃ 时,浇注到直径为 110mm 的圆柱钢模中,待冷却后取出铸锭。采用机械加工的方法将铸锭车削为直径为 90mm 的圆棒,然后加热到 400℃ 均匀化处理 12h;在 380℃ 下将均匀化处理好的铸棒挤压成直径为 12mm 的棒材。

表 2.1　三种合金的化学成分　　　　　　　　　(%)

合金	Si	Mn	Fe	Cu	Ni	Zn	Y	Mg
Mg-9Y-1Zn	0.11	0.11	0.003	0.012	0.001	1.02	9.06	Bal.
Mg-9Y-3Zn	0.10	0.12	0.003	0.012	0.003	3.05	9.02	Bal.
Mg-9Y-3Zn-1Mn	0.12	1.08	0.002	0.011	0.003	2.98	8.95	Bal.

本章系统地研究了三种材料在半连续铸造状态和热挤压状态的微观组织结构、力学性能和腐蚀行为及机理,目标是揭示 LPSO 相的体积分数变化对合金显微结构、力学性能及腐蚀性能的影响,以期为井下暂堵工具用镁合金提供更高力学性能候选合金材料。

2.2　铸造 Mg-9Y-Zn(Mn) 合金组织结构及性能研究

2.2.1　铸造 Mg-9Y-Zn(Mn) 合金的微观结构演变

图 2.1 所示为 Mg-9Y-1Zn、Mg-9Y-3Zn 和 Mg-9Y-3Zn-1Mn 三种铸造合金的 SEM 显微组织。三种铸造合金都是由初生 α-Mg、金属间化合物及共晶组织构成，而且金属间化合物的含量都是随着合金元素含量的增加而增加。铸造 Mg-9Y-1Zn 合金组织相对较粗大，平均晶粒尺寸约为 90μm，主要由 α-Mg 基体、灰色的片状或块状相和少量的棒状相三种相组成，这是铸造镁合金的典型显微结构（图 2.1 (a)、(b)）。根据之前的文献报道，图中细小的片层状相和棒状相为特殊的长程有序堆垛结构（LPSO）。如图 2.1 (c)、(d) 所示，随着锌含量的增加，片层状的 LPSO 结构相明显增加，亮白的相变为针状；如图 2.1 (e)、(f) 所示，在 Mg-9Y-3Zn 合金中加入锰元素，亮白的针状相增加。

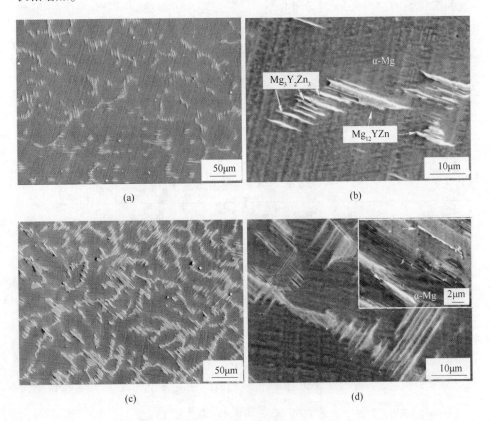

(a)　　　　　　　　　　　　　　　　(b)

(c)　　　　　　　　　　　　　　　　(d)

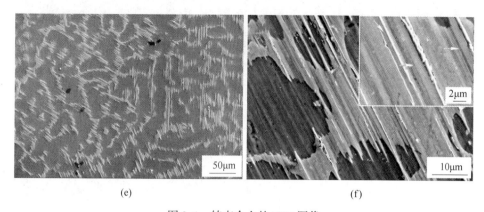

(e)   (f)

图 2.1 铸态合金的 SEM 图像

(a)（b）Mg-9Y-1Zn；（c）（d）Mg-9Y-3Zn；（e）（f）Mg-9Y-3Zn-1Mn

为了确定这些合金里的析出相，对试样进行了 XRD 分析。如图 2.2 所示，Mg-9Y-1Zn 和 Mg-9Y-3Zn 两种合金主要由 α-Mg、$Mg_3Y_2Zn_3$（W 相）和 $Mg_{12}YZn$（LPSO）相构成[23]。Mg-9Y-3Zn-1Mn 合金中除包含以上各相以外，还存在单质 Mn 的衍射峰。通过 XRD 与 SEM 形貌对比可知，白亮的针状相是 $Mg_3Y_2Zn_3$，极少量细小颗粒状相是锰单质，细小的锰微粒可以提高镁合金的强度[24]。

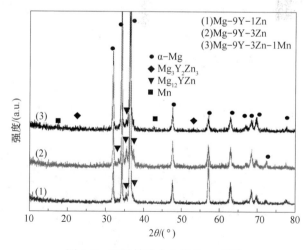

图 2.2 三种铸造合金的 XRD 图谱

2.2.2 铸造 Mg-9Y-Zn(Mn) 合金的力学性能

图 2.3 所示为三种铸造 Mg-Y-Zn 合金室温下的应力-应变曲线。可见，

Mg-9Y-1Zn 合金的力学性能最差，抗拉强度为 95MPa，伸长率为 10.5%。随着添加的 Mn 和 Zn 含量增加，合金的强度和伸长率都有所提高，Zn 含量为 3% 的 Mg-9Y-3Zn 合金的抗拉强度增加到 102MPa，伸长率为 11.1%。Mg-9Y-3Zn 中加入 1% 的 Mn，抗拉强度增加到 119MPa，伸长率为 12.3%。

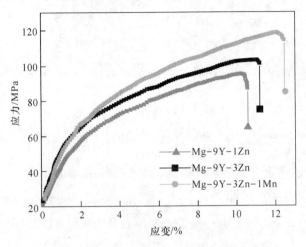

图 2.3　三种铸造合金室温下的应力-应变曲线

为了能更清楚地了解合金的断裂机制，采用 SEM 对断口进行了观察。图 2.4 所示是 3 个铸造样品的典型断裂断口形貌。可见，三种合金的断口都比较平整，而且宏观上样品断裂前并没有明显的塑性变形，表明三种合金的断裂都是脆性断裂。三种合金的断裂表面都出现准解理断裂的特征，形成微小的断裂台阶。Mg-9Y-1Zn 合金的断裂刻面相对最大（图 2.4（b）），随着 Zn 含量增大，并且加入 Mn 后，合金的断裂刻面逐渐减小（图 2.4（d）、（f）），表明合金的塑韧性较高。

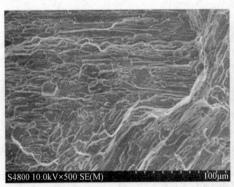
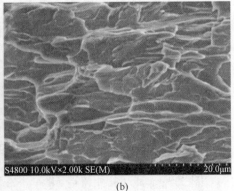

(a)　　　　　　　　　　　　　　　　(b)

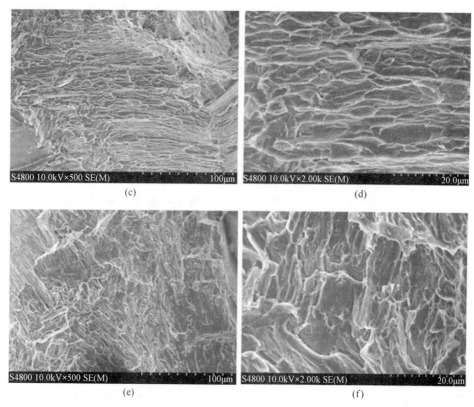

图 2.4 铸造 Mg-Y-Zn 合金拉伸样品断口 SEM 形貌

(a)(b)Mg-9Y-1Zn；(c)(d)Mg-9Y-3Zn；(e)(f)Mg-9Y-3Zn-1Mn

2.2.3 铸造 Mg-9Y-Zn(Mn) 合金的腐蚀行为及机理研究

在力学性能研究的基础上，进一步研究了合金的腐蚀性能和腐蚀行为，主要采用电化学腐蚀的方法进行了腐蚀性能研究。

图 2.5 所示为三种铸造合金在 3.5% 的 NaCl 溶液中的电化学极化曲线。同时在表 2.2 中给出了合金的拟合结果。一般认为，阴极极化曲线和阳极极化曲线分别代表通过水还原的析氢反应和镁的溶解。从图中可以看到，Mg-9Y-1Zn 合金中添加更多的 Zn 和 Mn 之后形成的 Mg-9Y-3Zn 合金和 Mg-9Y-3Zn-1Mn 合金的腐蚀电位明显提高。表明添加更多的 Zn 和 Mn 之后合金的腐蚀倾向性降低。Mg-9Y-1Zn 合金的自腐蚀电流密度 I_{corr} 最高，这表明该合金在 3.5% 的 NaCl 溶液腐蚀速率最快，而 Mg-9Y-3Zn-1Mn 合金的自腐蚀电流密度 I_{corr} 最低，说明该合金的腐蚀速率最低。

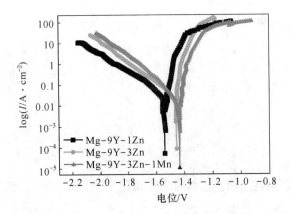

图 2.5　铸造 Mg-9Y-Zn 合金在 3.5%NaCl 溶液中的动电位极化曲线

表 2.2　极化曲线的腐蚀电位及腐蚀电流密度

合　　金	E_{corr}/V	I_{corr}/A · cm^{-2}
Mg-9Y-1Zn	−1.542	2.33×10^{-1}
Mg-9Y-3Zn	−1.481	7.55×10^{-2}
Mg-9Y-3Zn-1Mn	−1.441	6.15×10^{-2}

　　图 2.6 所示为三种铸造 Mg-Y-Zn 合金的 Nyquist 图。由图可以看出，Mg-9Y-3Zn-1Mn 合金的高频容抗弧显示出了比其他两种合金更大的直径，说明它具有最好的耐腐蚀性。Mg-9Y-3Zn 合金的容抗弧直径接近 Mg-9Y-3Zn-1Mn 合金的，而 Mg-9Y-1Zn 的容抗弧直径最小，表明此合金的腐蚀速率最快。

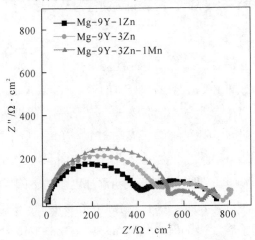

图 2.6　铸造 Mg-Y-Zn 合金在 3.5%NaCl 溶液中的 Nyquist 图

2.3 挤压 Mg-9Y-Zn（Mn） 合金组织结构及性能研究

热挤压成型可以有效改善材料的组织结构，并且可以提高镁合金的力学性能。因此，针对前面研究的三种铸造镁合金进行热挤压变形处理，研究热挤压镁合金的组织结构、力学性能和腐蚀行为及腐蚀机理。

2.3.1 挤压 Mg-9Y-Zn(Mn) 合金的微观结构演变

图 2.7 所示为 Mg-9Y-1Zn、Mg-9Y-3Zn 和 Mg-9Y-3Zn-1Mn 三种挤压合金的 SEM 结构。与铸态合金（图 2.1）相比，挤压态合金晶粒更细小，这是在挤压过程中由于动态再结晶形成了典型的动态再结晶（DRX）晶粒。如图 2.7 (a) 所示，在挤压态 Mg-9Y-1Zn 中，第二相完全溶解在镁基体中，仅留下 α-Mg，其平均晶粒尺寸约为 20μm；如图 2.7 (b) 所示，挤压态 Mg-9Y-3Zn 合金的晶粒尺寸得到进一步细化，平均晶粒尺寸约为 5μm。此外，细

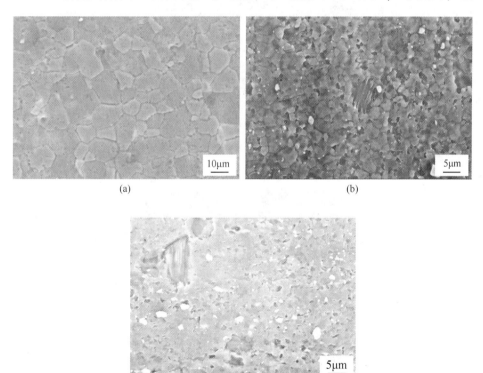

(a)　　　　　　　　　　　　　　　　(b)

(c)

图 2.7　三种挤压态合金的 SEM 结构

（a）Mg-9Y-1Zn；（b）Mg-9Y-3Zn；（c）Mg-9Y-3Zn-1Mn

小的片层状 LPSO 结构相保留在晶粒内部，很少量的金属间化合物分布在基体上。如图 2.7（c）所示，挤压态 Mg-9Y-3Zn-1Mn 的平均晶粒尺寸不超过 5μm，此外与 Mg-9Y-3Zn 相比，有更多的 LPSO 结构相和亮白的金属间化合物分布在基体上。这主要因为锰能导致在高温下稳定的 $Mg_3Y_2Zn_3$ 相的析出[23]，它同时能抑制热挤压时晶粒的异常长大。

　　图 2.8 所示为挤压态 Mg-9Y-3Zn-1Mn 合金的 HRTEM 明场像，可以进一步看出，挤压态 Mg-9Y-3Zn-1Mn 合金中的 LPSO 结构相。由图 2.8（a）可以观察到再结晶晶粒内细小的片层结构，各个薄片的条纹均匀分布，测得薄片间的距离为 2nm。如图 2.8（b）所示，薄片的这个特征与先前报道的 14H 型结构相同[20]。图 2.8（c）所示为 [10$\bar{2}$1] α-Mg 轴上相应的 SAED 花样，显示出高度有序的 14H 型相。合金固溶处理的时候，长程有序相更加稳定，

(a)　　　　　　　　　　　　　　　(b)

(c)

图 2.8　Mg-9Y-3Zn-1Mn 合金的 HRTEM 图像

（a）再结晶晶粒内细小的片层结构；（b）14H 型结构的 LPSO 相；（c）A 区域的 SAED 图像

它在挤压过程中破碎并保留为块状形态。在挤压过程中，在大塑性变形作用下，三种合金中的 α-Mg 基体相都被挤成更加细小的晶粒。

图 2.9 所示为三种挤压态合金的 XRD 图谱。由图 2.9 可以看到，许多未溶相以长程有序相存在于挤压态 Mg-9Y-3Zn-1Mn 合金中。

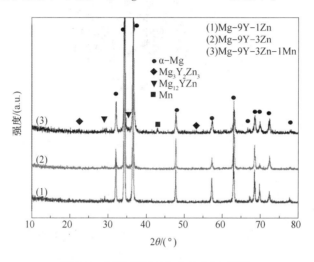

图 2.9 三种挤压态合金的 XRD 图谱

图 2.10 所示为三种挤压态合金的 TEM 明场像。可以明显看到这三种合金中都有细小的析出物均匀分布在镁合金基体上。其中，Mg-9Y-1Zn 中的析出物比其他两种合金中的数量少得多，而且相对较粗大（图 2.10（a））；Mg-9Y-3Zn-1Mn 中的析出物数量最多（图 2.10（c）），而且颗粒的粒径最细小，细小的析出物均匀地分布在基体中，根据奥罗万定律（Orowan's law）[25]，这将有效阻碍位错滑移，从而可以显著提高镁合金材料的强度。

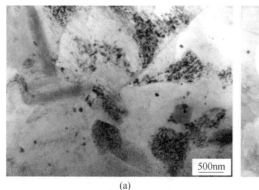

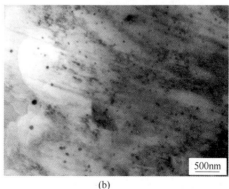

(a)   (b)

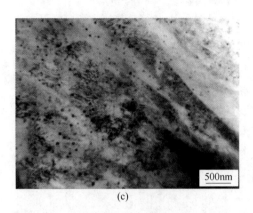

(c)

图 2.10　三种挤压态合金的 TEM 明场像

(a) Mg-9Y-1Zn；(b) Mg-9Y-3Zn；(c) Mg-9Y-3Zn-1Mn

2.3.2　挤压 Mg-9Y-Zn(Mn) 合金的力学性能

图 2.11 所示为三种挤压态合金室温下的应力-应变曲线。表 2.3 是根据应力-应变曲线计算获得的屈服强度、抗拉强度和断裂应变等力学性能参数。可见，Mg-9Y-1Zn 合金的屈服强度为 175MPa，抗拉强度为 249MPa，断裂应变为 27%。Zn 含量为 3% 的 Mg-9Y-3Zn 合金的屈服强度增加到 207MPa，抗拉强度增加到 303MPa；Mg-9Y-3Zn 中加入 1% 的 Mn，屈服强度进一步增加为 237MPa，抗拉强度也相应提高到 322MPa。由此可知，材料的强度随着 Zn 含量和 Mn 含量的增加而增强，但断裂应变的变化与之相反。

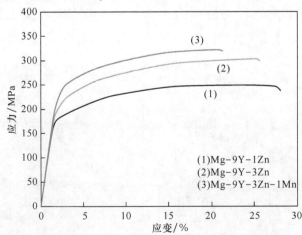

图 2.11　三种挤压态合金室温下的应力-应变曲线

表 2.3　三种挤压态合金室温下的力学参数

合　金	$\sigma_{0.2}/\text{MPa}$	σ_s/MPa	$\varepsilon_f/\%$
Mg-9Y-1Zn	175	249	27
Mg-9Y-3Zn	207	303	25
Mg-9Y-3Zn-1Mn	237	322	20

一方面，在 Mg-9Y-1Zn 合金中加入 Mn 和增大 Zn 含量可以细化 α-Mg 晶粒，增加晶界面积[26]，由于晶界的位错钉扎作用，从而可增加位错运动的阻力，起到细晶强化作用；另一方面，Mg-9Y-3Zn-1Mn 合金的强度高于其他合金的强度，还可归因于其细小而弥散分布在基体上的沉淀相（图 2-10 (c)）。热挤压变形过程中，较硬的颗粒均匀地分散在相对软的镁基体中[27]，可有效阻止位错的移动，起到析出强化作用。因而可以得知，挤压态 Mg-9Y-3Zn-1Mn 中的 LPSO 结构相也是阻止位错运动的主要组成部分。Matsuda 等人[28]研究了 LPSO 结构相和位错间的相互作用，指出 LPSO 结构相的形成增大了基面的滑移临界分切应力（Critical Resolved Shear Stress，CRSS），从而阻碍了基面滑移，这有利于合金的强化。在我们研究的合金样品中，观察到的高体积分数的层片 LPSO 结构相，被认为可以有效阻碍基面的滑移，显著强化合金。

图 2.12 所示为三个挤压态样品的典型断裂断口形貌。可见，在 Mg-9Y-1Zn 合金中存在一些大而深的韧窝，显示出韧性断裂特征。撕裂棱明显沿着晶界，表明裂纹萌生发生和扩展直到样品断裂。在加入更多的 Zn 以后，韧窝变小，撕裂棱变短并且变得不太明显，如图 2.12 (b) 所示。与 Mg-9Y-1Zn 相比，Mg-9Y-3Zn 表现出更高的强度，更低的韧性。如图 2.12 (c) 所示，

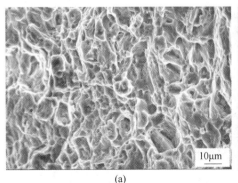
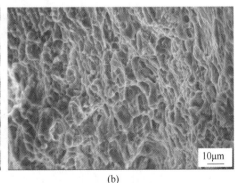

(a)　　　　　　　　　　　　　　　　(b)

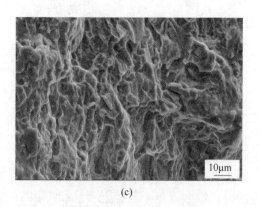

(c)

图 2.12　三种挤压态合金的断裂表面形貌 SEM 图像

(a) Mg-9Y-1Zn；(b) Mg-9Y-3Zn；(c) Mg-9Y-3Zn-1Mn

从 Mg-9Y-3Zn-1Mn 的断口形貌可以看出，有一些韧窝形成但比其他两种合金更少且更浅，同时还存在一些短杆和小球状颗粒，导致了该种合金具有最高的强度和最低的延展性。

2.3.3　挤压 Mg-9Y-Zn(Mn) 合金的腐蚀行为及机制研究

在力学性能的研究基础上，进一步研究合金的腐蚀性能和腐蚀行为，主要采用浸泡腐蚀、盐雾腐蚀和电化学腐蚀方法进行腐蚀性能研究。

2.3.3.1　浸泡腐蚀

图 2.13 所示为 Mg-9Y-1Zn、Mg-9Y-3Zn 和 Mg-9Y-3Zn-1Mn 三种挤压合金在 3.5%NaCl 溶液中浸泡 72h 的析氢率和浸泡时间之间的关系曲线。从曲线上可以看到三种合金都是随着浸泡时间的延长析氢量逐渐增多。特别是 Mg-9Y-1Zn 合金从浸泡实验开始析氢速率就明显高于其他两种合金的，而且随着浸泡时间的延长，呈现较明显的加速腐蚀现象。当浸泡时间达到 72h 时，其析氢率超过 $50mL/cm^2$。而 Mg-9Y-3Zn 合金和 Mg-9Y-3Zn-1Mn 合金析氢率较为接近，特别是 30h 之前两条析氢曲线几乎重叠，这最可能是因为挤压态 Mg-9Y-3Zn 合金和 Mg-9Y-3Zn-1Mn 合金中含有一定量的 LPSO 结构相。

Zhang 等人[29] 在他们最近的研究成果中报道称，经过固溶处理的 Mg-Gd-Zn-Zr 中形成的稳定的 LPSO 结构相对不含 LPSO 结构的铸态合金的耐蚀性明显增加。本实验中经过热挤压后的三种合金中，Mg-9Y-1Zn 合金的第二相完

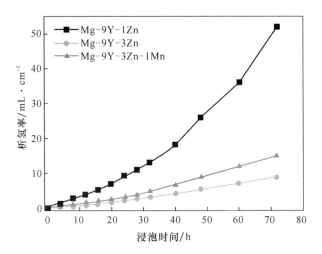

图 2.13 三种挤压合金在 3.5%NaCl 溶液中浸泡 72h 的析氢率和浸泡时间之间关系曲线

全溶解在镁基体中，仅留下 α-Mg（图 2.7（a）），Mg-9Y-3Zn 合金和 Mg-9Y-3Zn-1Mn 合金中都有细小的片层状 LPSO 结构相保留在晶粒内部，还有很少量的金属间化合物分布在基体上（图 2.7（b）、（c））。因此，后两者的耐蚀性表现出较低的腐蚀速率。另外，由于 Mg-9Y-3Zn-1Mn 合金中含有少量的 Mn 单质相（图 2.9）和较多的细小的化合物（图 2.10（c）），这些相和镁基体有明显的电位差，造成原电池效应，导致腐蚀加速，因此 Mg-9Y-3Zn-1Mn 合金的析氢率相对 Mg-9Y-3Zn 合金的高。显而易见，Zn 含量的增多使腐蚀速率降低，在三种合金中 Mg-9Y-1Zn 腐蚀速率最快，72h 浸泡析氢量也最多，超过 52mL/cm²；Mg-9Y-3Zn 腐蚀速率最慢，仅有 9mL/cm²。

2.3.3.2 盐雾腐蚀

图 2.14 所示为三种挤压样品经过 8h 盐雾腐蚀实验后的宏观形貌。Mg-9Y-1Zn 合金表面出现了非常密集的、颜色较深的腐蚀产物，表面几乎全面腐蚀，被密集的腐蚀产物所覆盖。根据标准 JIS Z 2371[30]，Mg-9Y-1Zn 样品可以判定为最严重的 0 级。而 Mg-9Y-3Zn 样品表面也出现较明显的腐蚀现象，但是并没有出现全面腐蚀现象，腐蚀主要出现在样品表面靠近边缘位置，大部分表面还保留一定的金属光泽，可以定义为 7 级。Mg-9Y-3Zn-1Mn 样品表面左边出现严重的腐蚀现象，被突起的腐蚀产物所覆盖，而右边腐蚀相对较轻微。再一次表明挤压态 Mg-9Y-1Zn 合金的腐蚀速率最快。

图 2.14　三个挤压样品经过 8h 盐雾腐蚀实验后的宏观形貌

(a) Mg-9Y-1Zn；(b) Mg-9Y-3Zn；(c) Mg-9Y-3Zn-1Mn

　　图 2.15 所示为盐雾腐蚀 8h 后三种挤压合金的表面 SEM 微观形貌。其中图 2.15 (a) 和 (b) 是 Mg-9Y-1Zn 合金的表面 SEM 形貌，可见表面腐蚀严重，呈现出严重的全面腐蚀形貌，和后面两种合金的形貌对比可见，此合金的腐蚀深度最深；图 2.15 (c) 和 (d) 是 Mg-9Y-3Zn 合金的表面 SEM 形貌，表面局部腐蚀，大部分区域几乎没有腐蚀现象出现，表明该合金的耐蚀

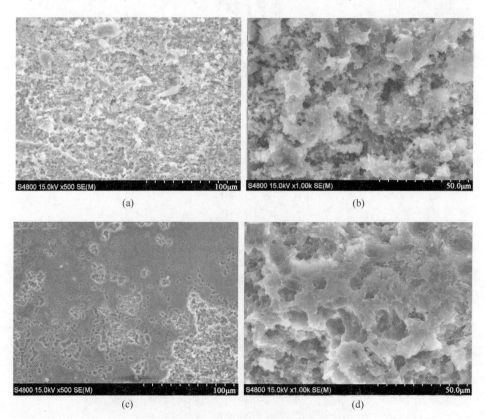

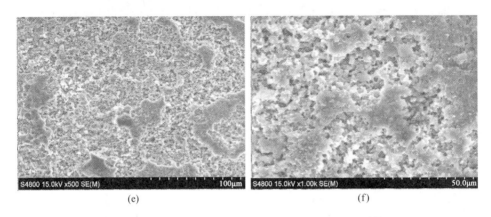

(e) (f)

图 2.15 三种挤压合金盐雾腐蚀 8h 后表面 SEM 形貌

（a）（b）Mg-9Y-1Zn；（c）（d）Mg-9Y-3Zn；（e）（f）Mg-9Y-3Zn-1Mn

性相对较好，图 2.15（e）和（f）是 Mg-9Y-3Zn-1Mn 合金表面 SEM 形貌，可见绝大部分区域受到腐蚀作用，但是腐蚀深度相对较浅。

2.3.3.3 电化学腐蚀

图 2.16 所示为三种挤压合金在 3.5% 的 NaCl 溶液中的电化学极化曲线。同时在表 2.4 中给出了合金的拟合结果。一般认为，阴极极化曲线和阳极极化曲线分别代表通过水还原的析氢反应和镁的溶解。从图中可以看到，Mg-9Y-1Zn 合金中添加更多的 Zn 和 Mn 之后形成的 Mg-9Y-3Zn 合金和 Mg-9Y-3Zn-1Mn 合金的腐蚀电位明显提高。自腐蚀电位仅代表合金的腐蚀倾向性，

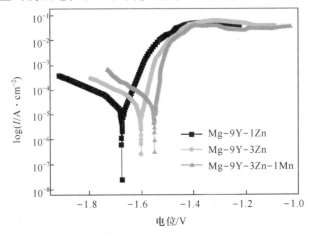

图 2.16 电化学极化曲线

并不能说明合金的实际腐蚀速率。结合表 2.4 中给出的拟合结果，Mg-9Y-1Zn 合金的自腐蚀电流密度 I_{corr} 最高，达到 $2.53×10^{-4}A/cm^2$，这表明该合金在 3.5% 的 NaCl 溶液腐蚀速率最快，而 Mg-9Y-3Zn 合金的自腐蚀电流密度 I_{corr} 最低，说明该合金的腐蚀速率最低。这和浸泡腐蚀实验的结果完全一致。

表 2.4　极化曲线的腐蚀电位及腐蚀电流密度

合　金	E_{corr}/V	$I_{corr}/A \cdot cm^{-2}$
Mg-9Y-1Zn	-1.678	$2.53×10^{-4}$
Mg-9Y-3Zn	-1.609	$7.55×10^{-5}$
Mg-9Y-3Zn-1Mn	-1.544	$8.15×10^{-5}$

图 2.17 所示为三种 Mg-Y-Zn 合金的 Nyquist 图。从图中可以看出，Mg-9Y-3Zn 合金的高频容抗弧显示出了比其他两种合金更大的直径，说明它具有最好的耐腐蚀性。Mg-9Y-3Zn-1Mn 合金的容抗弧直径接近 Mg-9Y-3Zn 合金的，而 Mg-9Y-1Zn 的容抗弧直径最小，表明此合金的腐蚀速率最快。这与动电位极化曲线的结果相符。

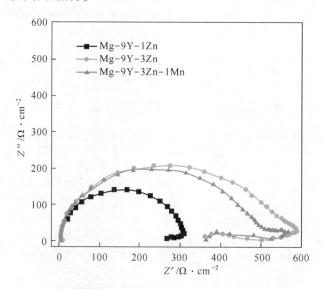

图 2.17　三种挤压合金在 3.5%NaCl 溶液中的 Nyquist 图

三种合金随着 Zn 含量的加入，由于挤压过程生成的 $Mg_{12}YZn$ 相和 $Mg_3Y_2Zn_3$ 相增加，使得 Mn 的加入没有新相生成，以单质 Mn 存在。挤压后晶界增多使得合金的晶间腐蚀作用增强，组织中细小均匀且弥散分布的第二相增大了合金发生电偶腐蚀的随机性，但这些第二相在挤压过程中重溶至基体使阴极相数量减少，降低了腐蚀的驱动力，有利于合金耐腐蚀性能的提高。

2.4 小结

本章设计制备了 Mg-9Y-xZn-yMn 合金，通过光学显微镜、X 射线衍射、扫描电镜、透射电镜、能谱、浸泡腐蚀实验、盐雾腐蚀实验及电化学实验等分析及测试手段，探究 Zn 及 Mn 对合金微观组织的影响规律及机制；通过对铸态合金进行挤压变形，探究在挤压过程中合金组织及力学性能、腐蚀行为的变化规律及影响机制；确定腐蚀速率最佳的合金成分配比。研究结果如下：

（1）三种铸造合金组织比较粗大，Mg-9Y-1Zn 合金平均晶粒尺寸约为 90μm；基体中分布有少量点状 $Mg_3Y_2Zn_3$ 相和大量片层状的长程有序结构（LPSO）$Mg_{12}YZn$ 相。随着 Zn 和 Mn 元素含量的增加，LPSO 相的体积分数增加，第二相 $Mg_3Y_2Zn_3$ 相逐渐减少，片层状 LPSO 相逐渐增加直至成为合金中唯一的第二相。热挤压后，合金发生动态再结晶，组织比铸态合金具有更细小的晶粒，Mg-9Y-1Zn 合金中只有细小的 α-Mg 固溶相，第二相完全溶解在细小的镁基体中，平均晶粒尺寸约为 5μm。加入 Mn 以后，短块状 LPSO 相仍然存在且晶粒尺寸小于 5μm，Mg-9Y-3Zn-1Mn 合金晶粒比 Mg-9Y-3Zn 的更细小。

（2）铸造合金的强度都相对较低，三种合金的抗拉强度 Mg-9Y-1Zn 的最低，仅为 95MPa，而最高的是 Mg-9Y-3Zn-1Mn 合金的，为 125MPa，而且断裂以脆性断裂为主要特征，因此伸长率也较低。挤压合金的强度明显提高，Mg-9Y-1Zn、Mg-9Y-3Zn 和 Mg-9Y-3Zn-1Mn 的抗拉强度分别为 249.86MPa、303.19MPa、322.15MPa，伸长率分别为 27.41%、25.13%、20.71%。挤压合金的强度随着 Zn 含量和 Mn 含量的增加而增强，但塑性随之减小，而且 Mg-9Y-1Zn 和 Mg-9Y-3Zn 的断口形貌主要由一些大而深的韧窝和撕裂棱组成，撕裂棱明显沿着晶界表现出良好的塑性。

（3）三种铸造合金随着 Zn 含量增加和 Mn 的加入耐蚀性逐渐提高。挤压合金的腐蚀机制均为第二相与镁基体由于电位差的存在引发的电偶腐蚀；腐蚀初始形态均为点蚀，所以 Mg-9Y-1Zn 合金腐蚀形貌为点蚀与局部腐蚀共存，腐蚀速率最快，72h 浸泡析氢量也最多，达到 52mL/cm²。Mg-9Y-3Zn-

1Mn 和 Mg-9Y-3Zn 合金的腐蚀形貌为均匀腐蚀，在 3.5%NaCl 溶液中的腐蚀速率递减顺序为：Mg-9Y-3Zn-1Mn> Mg-9Y-3Zn 合金。

参 考 文 献

[1] Peng Guanghuai, Zhang Xiaolian, Qiu Chengzhou. The latest development of rare earth magnesium alloy research [J]. Jiangxi Nonferrous Metals, 2006, 20 (3): 27~30.

[2] 李大全，王渠东，丁文江. 稀土在变形镁合金的应用 [J]. 轻合金加工技术，2006，34 (2): 9~12.

[3] Wang Rongbin. Roles of RE in magnesium alloys and application of RE magnesium alloys [J]. Nonferrous Metals Processing, 2007, 36 (1): 27~29.

[4] Hagihara K, Kinoshita A, Sugino Y, et al. Plastic deformation behavior of $Mg_{89}Zn_9Y_7$ extruded alloy composed of long-period stacking ordered phase [J]. Intermetallics, 2010, 18: 1079~1085.

[5] Hagihara K, Kinoshita A, Sugino Y, et al. Effect of long-period stacking ordered phase on mechanical properties of $Mg_{97}Zn_1Y_2$ extruded alloy [J]. Acta Mater, 2010, 58: 6282~6293.

[6] Homma T, Kunito N, Kamado S. Fabrication of extraordinary high-strength magnesium alloy by hot extrusion [J]. Scr Mater, 2009, 61: 644~647.

[7] Kawamura Y, Hayashi K, Inoue A, et al. Rapidly solidified powder metallurgy $Mg_{97}Zn_1Y_2$ Alloys with excellent tensile yield strength above 600MPa [J]. Mater Trans, 2001, 42: 1171~1174.

[8] Zhao X, Shi L, Xu J. Mg-Zn-Y alloys with long-period stacking ordered structure: In vitro assessments of biodegradation behavior [J]. Materials Science and Engineering C, 2013, 33: 3627~3637.

[9] 刘利. Mg-Zn-Y 合金显微组织及腐蚀行为研究 [D]. 沈阳：沈阳工业大学，2017.

[10] Cheng Peng, Zhao Yuhong, Lu Ruopeng, et al. Effect of the morphology of long-period stacking orderd phase on mechanical properties and corrosion behavior of cast Mg-Zn-Y-Ti alloy [J]. Journal of Alloys and Compounds, 2018, 764: 226~238.

[11] 刘光文. 挤压 Mg-Zn-Y 合金的腐蚀行为 [D]. 成都：西南交通大学，2016.

[12] Liu Huan, Bai Jing, Yan Kai, et al. Comparative studies on evolution behaviors of 14H LPSO precipitates in as-cast and as-extruded Mg-Y-Zn alloys during annealing at 773K [J]. Materials and Design, 2016, 93: 9~18.

［13］张诗昌，段汉桥，蔡启舟，等．主要合金元素对镁合金组织和性能的影响［J］．铸造，2001，50（6）：310~315.

［14］Zhe L, Zhang J, Sun J, et al. Notch tensile behavior of extruded Mg-Y-Zn alloys containing long period stacking ordered phase［J］. Materials & Design, 2014, 56（4）: 495~499.

［15］Sandlöbes S, Zaefferer S, Schestakow I, et al. On the role of non-basal deformation mechanisms for the ductility of Mg and Mg-Y alloys［J］. Acta Materialia, 2011, 59（2）: 429~439.

［16］Yang K, Zhang J, Zong X, et al. Effect of microalloying with boron on the microstructure and mechanical properties of Mg-Zn-Y-Mn alloy［J］. Materials Science and Engineering: A, 2016, 669: 340~343.

［17］Kawamura Y, Hayashi K, Inoue A, et al. Rapidly solidified powder metallurgy $Mg_{97}Zn_1Y_2$ alloys with excellent tensile yield strength above 600MPa［J］. Materials Transactions, 2001, 42（7）: 1172~1176.

［18］Sandlöbes S, Zaefferer S, Schestakow I, et al. On the role of non-basal deformation mechanisms for the ductility of Mg and Mg-Y alloys［J］. Acta Materialia, 2011, 59（2）: 429~439.

［19］Matsuda M, Ando S, Nishida M. Dislocation structure in rapidly solidified $Mg_{97}Zn_1Y_2$ alloy with long period stacking order phase［J］. Materials Transactions, 2005, 46（2）: 361~364.

［20］Zhu Y M, Morton, et al. The 18R and 14H long-period stacking ordered structures in Mg-Y-Zn alloys［J］. Acta Materialia, 2010, 58（8）: 2936~2947.

［21］Chen X, Liu L, Pan F, et al. Microstructure, electromagnetic shielding effectiveness and mechanical properties of Mg-Zn-Cu-Zr alloys［J］. Materials Science and Engineering: B, 2015, 197: 67~74.

［22］徐祥斌，陈曜云，余建文．镁冶炼渣用于铁水脱硫工业试验研究［J］．轻金属，2017（1）：47~49.

［23］Medina J, Pérez P, Garces G, et al. Microstructural changes in an extruded Mg-Zn-Y alloy reinforced by quasicrystalline I-phase by small additions of calcium, manganese and cerium-rich mischmetal［J］. Materials Characterization, 2016: S1044580316301577.

［24］Inoue A, Kawamura Y, Matsushita M, et al. Novel hexagonal structure and ultrahigh strength of magnesium solid solution in the Mg-Zn-Y system［J］. Journal of Materials Research, 2001, 16（7）: 1894~1900.

［25］Liu B S, Kuang Y F, Fang D Q, et al. Microstructure and properties of hot extruded Mg-

3Zn-Y-xCu (x=0, 1, 3, 5) alloys [J]. Int J Mater Res, 2017, 108 (4): 262~268.

[26] 魏成宾. Mg-Zn-RE-Ca 合金轧制板材的组织与力学性能研究 [D]. 沈阳: 沈阳航空航天大学, 2016.

[27] He Y, Pan Q, Qin Y, et al. Microstructure and mechanical properties of ZK60 alloy processed by two-step equal channel angular pressing [J]. Journal of Alloys and Compounds, 2010, 492 (1~2): 1~610.

[28] Matsuda M, Li S, Kawamura Y, et al. Interaction between long period stacking order phase and deformation twin in rapidly solidified $Mg_{97}Zn_1Y_2$ alloy [J]. Materials Science and Engineering: A, 2004, 386 (1~2): 447~452.

[29] Liu Jing, Yang Lixin, Zhang Chunyan, et al. Role of the LPSO structure in the improvement of corrosion resistance of Mg-Gd-Zn-Zr alloys [J]. Journal of Alloys and Compounds, 2019, 782: 648~658.

[30] JIS-Z2371, Methods of salt spray testing [S]. Tokyo: Japanese Standards Association, 2000.

3 Mg-9Y-Zn-Cu 合金的组织结构及性能

3.1 引言

为了研发水平井暂堵工具用可溶镁合金材料，在第 2 章研究的基础上，通过 Cu 部分替代 Mg-9Y-2Zn 合金中的 Zn，设计了 Mg-9Y-xZn-$(2-x)$ Cu($x=1.5$, 1.0, 0.5) 系列合金。一方面保留了 Mg-9Y-1Zn 合金中的组织结构、力学性能以及塑韧性；另一方面，利用其较高的腐蚀电流密度来提高镁合金的腐蚀速率，从而达到制备快速降解镁合金的目的。

因此，本章设计制备了三种合金（Mg-9Y-1.5Zn-0.5Cu、Mg-9Y-1Zn-1Cu 和 Mg-9Y-0.5Zn-1.5Cu），见表 3.1，分别命名为 1 号合金、2 号合金和 3 号合金。主要研究不同含量的 Cu 对铸态和热挤压态 Mg-9Y-xZn-$(2-x)$ Cu ($x=1.5$, 1, 0.5) 合金显微组织和力学性能以及腐蚀性能的影响，以期能够获得较高强度、较好的塑韧性以及可快速降解的合金，来满足不同条件及要求的工程应用，为今后新型高强高韧、快速降解的合金的发展提供理论依据和指导。

表 3.1 合金成分表

样品	合金成分	Si	Mn	Fe	Cu	Ni	Zn	Y	Mg
1 号合金	Mg-9Y-1.5Zn-0.5Cu	0.11	0.01	0.003	0.51	0.001	1.52	9.01	Bal.
2 号合金	Mg-9Y-1Zn-1Cu	0.10	0.02	0.003	1.02	0.003	1.05	9.03	Bal.
3 号合金	Mg-9Y-0.5Zn-1.5Cu	0.12	0.08	0.002	1.53	0.003	0.48	8.98	Bal.

3.2 铸造 Mg-9Y-Zn-Cu 合金的组织和性能研究

3.2.1 铸造 Mg-9Y-Zn-Cu 合金的微观结构演变

图 3.1 所示为三种铸造 Mg-9Y-Zn-Cu 合金的 X 射线衍射谱。从图 3.1 中可见，三种合金都是由基体 α-Mg、Mg_{12}YZn 相（LPSO 结构）和 Mg_2Cu 相组

成，但是，随着合金中 Zn 含量降低、Cu 含量的增加，Mg_2Cu 的衍射峰明显增强，表明 Mg_2Cu 相含量随着 Cu 含量增加而增加。可见，当 Mg-9Y-2Zn 中的 Zn 部分被 Cu 取代也会形成 LPSO 结构相。根据 Mg-Cu 二元合金相图可知，Cu 在镁中的溶解度很小，在 485℃下最大溶解度仅有 0.013%[1]。未固溶的铜将会与其他元素结合形成金属间化合物，此合金中 Cu 首先和 Mg 与 Y 结合形成 LPSO 结构 $Mg_{12}YZn$（Cu）相。另外，随着合金中 Cu 含量的增加，除了溶解于基体和形成 LPSO 结构相，剩余的 Cu 将和 Mg 结合形成 Mg_2Cu 相。

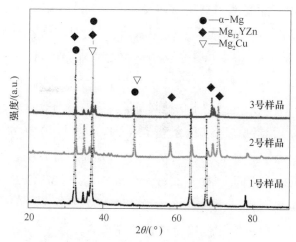

图 3.1　铸造 Mg-9Y-Zn-Cu 合金的 XRD 图谱

1 号—Mg-9Y-1.5Zn-0.5Cu；2 号—Mg-9Y-1Zn-1Cu；3 号—Mg-9Y-0.5Zn-1.5Cu

图 3.2 所示为三种 Mg-9Y-Zn-Cu 合金的金相显微组织。从图中可以看出，三种合金都是以 α-Mg 基固溶体为基体，层片状第二相分布在基体上。呈现灰色层片状结构的第二相与铸造 MgYZn 合金中的 LPSO 相有相似的形态[2, 3]，

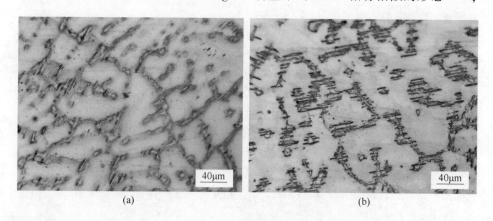

(a)　　　　　　　　　　　　　　　(b)

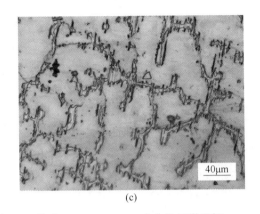

(c)

图 3.2　铸造 Mg-9Y-Zn-Cu 合金的显微组织

（a）Mg-9Y-1.5Zn-0.5Cu；（b）Mg-9Y-1Zn-1Cu；（c）Mg-9Y-0.5Zn-1.5Cu

因此，认为层片状第二相具有 LPSO 结构。另外，在金相显微镜下并没有观察到明显的 Mg_2Cu 相，这可能是由于 Cu 含量较低，除了溶于基体和形成的 LPSO 结构相并没有太多的 Cu 剩余，也就是说形成的 Mg_2Cu 相很少，因此在金相显微镜下不容易观察到。

　　图 3.3 所示为三种 Mg-9Y-Zn-Cu 合金的 SEM 组织形貌。从 SEM 图中可以更加清楚地看到三种合金中第二相都呈网状分布在基体上。这些中间相分布在镁基体的晶界位置，随着 Cu 取代 Zn，合金的晶粒大小和中间相的含量与分布没有明显的变化。在 Mg-9Y-1.5Zn-0.5Cu 合金中，第二相主要以片层状的 LPSO 结构为主，LPSO 结构中含有少量的白亮的细针状相（图 3.3（a）和（b））。随着增多的 Cu 取代 Zn，合金中的白亮针状相增多，而且有部分转变为小块状。

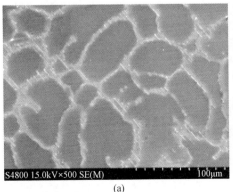

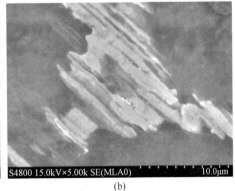

(a)

(b)

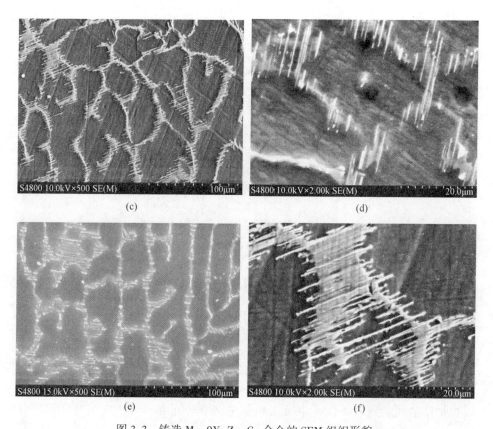

图 3.3　铸造 Mg-9Y-Zn-Cu 合金的 SEM 组织形貌

（a）（b）Mg-9Y-1.5Zn-0.5Cu；（c）（d）Mg-9Y-1Zn-1Cu；（e）（f）Mg-9Y-0.5Zn-1.5Cu

3.2.2　铸造 Mg-9Y-Zn-Cu 合金的力学性能

图 3.4 所示为三种合金的应力-应变曲线。从图中可以看出，Mg-9Y-1.5Zn-0.5Cu 合金的力学性能最差，抗拉强度大约为 130MPa，伸长率为 11.7%。随着 Cu 含量增多，合金的强度和塑性都有不同程度增大，Mg-9Y-1Zn-1Cu 合金的抗拉强度最大，达到 158MPa，伸长率为 12.1%。Mg-9Y-0.5Zn-1.5Cu 合金的抗拉强度大约为 152MPa，伸长率为 13.2%。

为了能更清楚地了解合金的断裂机制，采用扫描电镜对断口进行了观察。图 3.5 所示为三种合金的断口 SEM 图。从图中可以看出，Mg-9Y-1.5Zn-0.5Cu 合金及 Mg-9Y-0.5Zn-1.5Cu 合金的断口形貌基本相同。合金断口平面

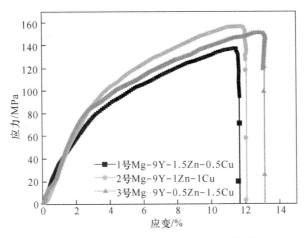

图 3.4 铸造 Mg-9Y-Zn-Cu 合金的拉伸曲线

凹凸不平，断面不彻底；断面中韧窝较多，韧窝的形状和大小不同，从韧窝的形貌可以看出其断裂为微孔聚集形，显示为准解理断裂。

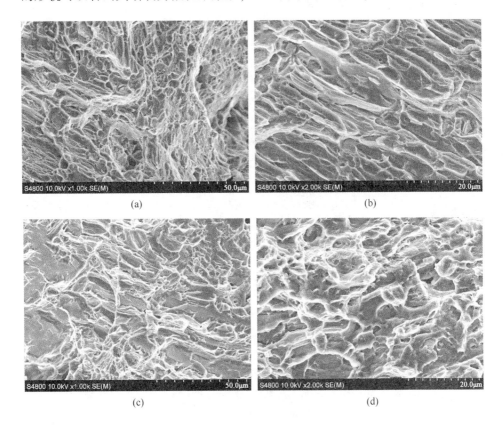

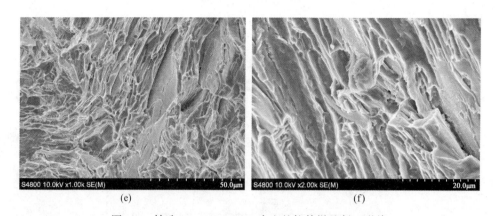

图 3.5　铸造 Mg-9Y-Zn-Cu 合金的拉伸样品断口形貌

（a）（b）Mg-9Y-1.5Zn-0.5Cu；（c）（d）Mg-9Y-1Zn-1Cu；（e）（f）Mg-9Y-0.5Zn-1.5Cu

3.2.3　铸造 Mg-9Y-Zn-Cu 合金的腐蚀行为及机制

3.2.3.1　析氢腐蚀行为

图 3.6 所示为三种合金在 3.5%NaCl 溶液中浸泡 72h 的析氢率和浸泡时间之间的关系曲线。从图中可以看出，Mg-9Y-1.5Zn-0.5Cu 合金的腐蚀速率最慢，Mg-9Y-1Zn-1Cu 合金的腐蚀速率次之，Mg-9Y-0.5Zn-1.5Cu 合金的腐蚀速率最快。从曲线上可以看到三种合金都是随着浸泡时间的延长析氢量逐渐增多，而且都是呈现腐蚀速率加快的趋势。开始阶段，Mg-9Y-1.5Zn-0.5Cu

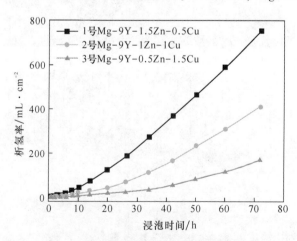

图 3.6　铸造 Mg-9Y-Zn-Cu 合金在 3.5% NaCl 溶液中浸泡 72h 的析氢率和

浸泡时间之间的关系曲线

合金和 Mg-9Y-1Zn-1Cu 合金析氢速率几乎相同，并且明显低于 Mg-9Y-0.5Zn-1.5Cu 合金，随着浸泡时间的延长，到 10h 之后，Mg-9Y-1Zn-1Cu 合金腐蚀速率逐渐高于 Mg-9Y-1.5Zn-0.5Cu 合金。总之，随着 Cu 含量的增高，合金的腐蚀速率逐渐增大。显而易见，Cu 的加入使合金中形成的"原电池"增多，腐蚀速率加快，在三种合金中 Mg-9Y-0.5Zn-1.5Cu 合金的 Cu 含量最大为 1.5%，72h 浸泡析氢量也最多，达到 755mL/cm^2。

3.2.3.2　电化学腐蚀行为

图 3.7 所示为三种合金在 3.5%NaCl 溶液中的电化学极化曲线。同时在表 3.2 中给出了合金的拟合结果。从图中可以看到，Cu 含量增加明显提高了镁的阴极极化电流，促进了阴极的析氢反应。从图中可以看出三种合金随着 Cu 取代 Zn 的增加，合金的自腐蚀电位明显增大，但同时腐蚀电流密度也明显增大，进一步表明随着 Cu 含量增大合金的腐蚀速率也逐渐增大。

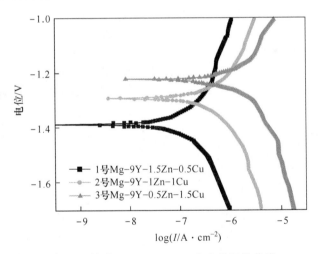

图 3.7　铸造 Mg-9Y-Zn-Cu 合金的极化曲线

表 3.2　极化曲线的腐蚀电位及腐蚀电流密度

合　金	E_{corr}/V	$I_{corr}/A \cdot cm^{-2}$
Mg-9Y-1.5Zn-0.5Cu	−1.384	$1.81×10^{-6}$
Mg-9Y-1Zn-1Cu	−1.288	$7.15×10^{-6}$
Mg-9Y-0.5Zn-1.5Cu	−1.212	$2.55×10^{-5}$

如图 3.8 所示，为了进一步研究三种合金的腐蚀机理，对浸泡 72h 的试样进行了 SEM 表面观察。可以看到 Mg-9Y-1.5Zn-0.5Cu 合金的表面腐蚀产物更为致密且均匀，从图 3.8（b）中的放大图可以看到试样表面形成了一层相对致密的腐蚀产物，从而在一定程度上阻碍了腐蚀溶液的渗透，保护了镁

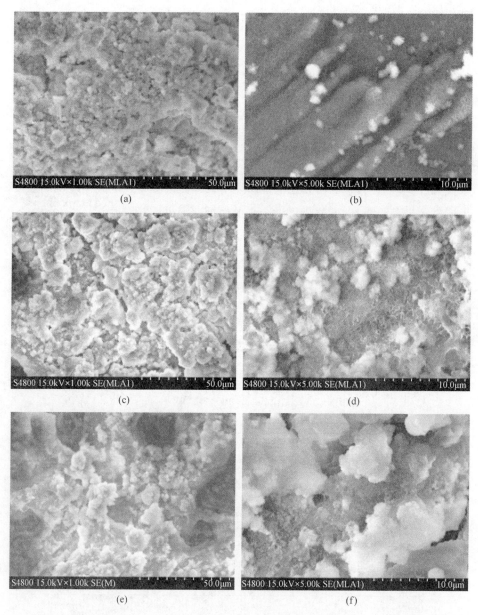

图 3.8　铸造 Mg-9Y-Zn-Cu 合金在 3.5%NaCl 溶液中浸泡 72h 的表面腐蚀形貌
（a）（b）Mg-9Y-1.5Zn-0.5Cu；（c）（d）Mg-9Y-1Zn-1Cu；（e）（f）Mg-9Y-0.5Zn-1.5Cu

基体[4]。对于 Mg-9Y-1Zn-1Cu 和 Mg-9Y-0.5Zn-1.5Cu 合金而言，从它们的 SEM 图中可以看到表面的腐蚀产物较为疏松，有严重的腐蚀坑的存在，说明合金的腐蚀是由点蚀引起的。

图 3.9 所示为三种合金在 3.5%NaCl 溶液中浸泡 72h 后去除表面腐蚀产物

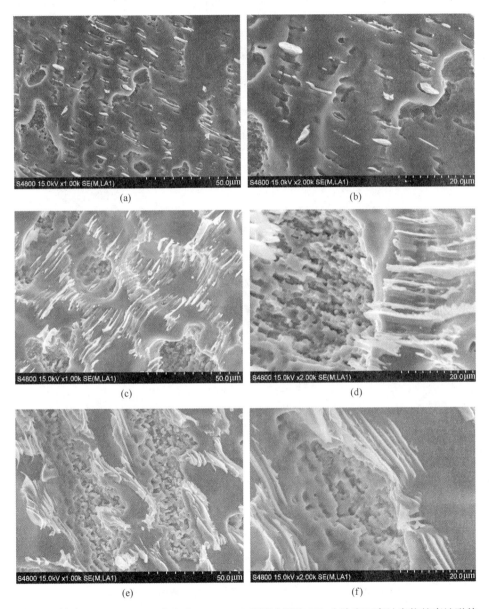

图 3.9　铸造 Mg-9Y-Zn-Cu 合金在 3.5%NaCl 溶液中浸泡 72h 去除表面腐蚀产物的腐蚀形貌
（a）（b）Mg-9Y-1.5Zn-0.5Cu；（c）（d）Mg-9Y-1Zn-1Cu；（e）（f）Mg-9Y-0.5Zn-1.5Cu

的 SEM 表面形貌。从图中可以看出，所有合金都是在第二相附近首先形成腐蚀源，逐渐向镁基材扩展，而第二相本身不容易腐蚀。这是因为第二相的自腐蚀电位相对较高，而镁基材的自腐蚀电位低得多，因此二者形成原电池，镁基材作为阳极，导致镁基材逐渐溶解腐蚀。由于 Mg-9Y-1.5Zn-0.5Cu 合金中的 Cu 相对较少，因此原电池效应较低，从形貌可见，在白亮的第二相周围形成较小的腐蚀坑，整体样品表面没有形成非常深的腐蚀坑。而随着 Cu 含量的增多，材料表面的腐蚀逐渐加重，特别是 Mg-9Y-0.5Zn-1.5Cu 合金中，由于含 Cu 量最大，因此腐蚀也最严重，材料表面出现非常密集的较深的腐蚀坑，有大量的网状凸起。

3.3 挤压 Mg-9Y-Zn-Cu 合金的组织结构和性能研究

3.3.1 挤压 Mg-9Y-Zn-Cu 合金的微观结构演变

图 3.10 所示为三种挤压 Mg-9Y-Zn-Cu 合金的 X 射线衍射谱。从图中可以看出，挤压后的三种 Mg-9Y-Zn-Cu 合金也是由 α-Mg、LPSO 相（$Mg_{12}YZn$）和 Mg_2Cu 相组成。经过挤压后，三种材料的物相结构基本相同，没有明显的差异。

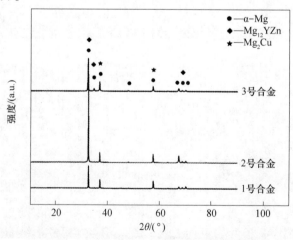

图 3.10 挤压 Mg-9Y-Zn-Cu 合金的 XRD 图谱

1 号—Mg-9Y-1.5Zn-0.5Cu；2 号—Mg-9Y-1Zn-1Cu；3 号—Mg-9Y-0.5Zn-1.5Cu

图 3.11 所示为三种挤压合金的金相组织。从图中可以看出，与铸造 Mg-9Y-Zn-Cu 合金相比，挤压的 Mg-9Y-Zn-Cu 合金晶粒明显变小。一般而言，镁合金在热挤压过程会发生动态再结晶转变形成动态再结晶组织，从而获得较细小的组织结构。镁合金在热挤压过程中，在应力的作用下使得第二相变形、扭曲、破碎，从而更加均匀弥散地分布在基体中。

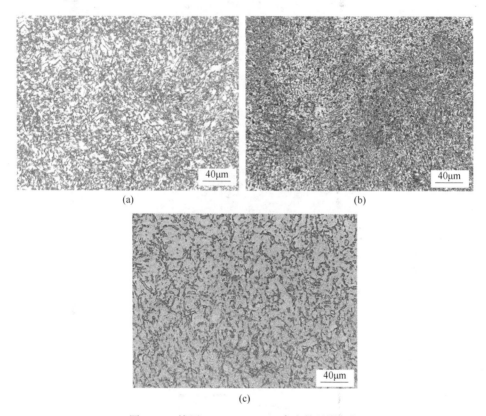

图 3.11 挤压 Mg-9Y-Zn-Cu 合金的显微组织

（a）Mg-9Y-1.5Zn-0.5Cu；（b）Mg-9Y-1Zn-1Cu；（c）Mg-9Y-0.5Zn-1.5Cu

为了进一步分析三种合金中第二相的分布及形态，对合金进行了 SEM 观察，如图 3.12 所示。图中的白色块状相为第二相。从图中可以看出，与铸造 Mg-9Y-Zn-Cu 合金相比，挤压合金晶粒尺寸减少，晶粒也更加均匀。

3.3.2 挤压 Mg-9Y-Zn-Cu 合金的力学性能

图 3.13 所示为三种合金的拉伸曲线，从图中可以看出，Mg-9Y-1.5Zn-

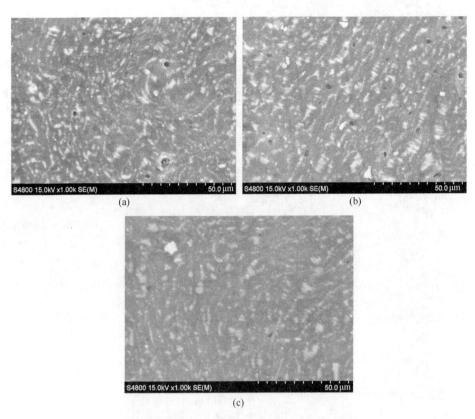

图 3.12　挤压 Mg-9Y-Zn-Cu 合金的 SEM 图像

（a）Mg-9Y-1.5Zn-0.5Cu；（b）Mg-9Y-1Zn-1Cu；（c）Mg-9Y-0.5Zn-1.5Cu

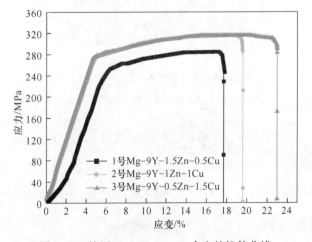

图 3.13　挤压 Mg-9Y-Zn-Cu 合金的拉伸曲线

0.5Cu 合金的抗拉强度为 250MPa，伸长率为 17.8%，Mg-9Y-0.5Zn-1.5Cu 合金的抗拉强度大约为 310MPa，伸长率为 19.5%。与铸造合金相比，挤压合金的抗拉强度明显增强。这说明合金挤压后可以明显提高合金的力学性能。

合金的强度和塑性同时提高主要得益于两方面的因素：第一，细晶强化作用。众所周知，根据霍尔-佩奇（Hall-Petch）关系[5]，材料的强度与材料的晶粒半径有直接的关系，材料的晶粒越细小，材料的强度越高，而且材料的塑韧性也在一定程度上有所提高。第二，第二相的弥散强化。由图 3.10、图 3.11 和图 3.12 可知，挤压后材料中的第二相，特别是 LPSO 结构相，均匀弥散地分布在合金的基体中，可以有效提高材料的强度，另外，LPSO 结构相具有高硬度、高塑韧性、高弹性模量以及与镁基体良好的界面结合等一系列特性，该结构可同时显著提高合金室温和高温强度且不危害合金塑性。2002 年日本的 Y. Kawamura[6] 等人采用快速凝固粉末冶金技术制备了超细晶配合 LPSO 结构的 $Mg_{97}Y_2Zn_1$（%，原子分数）合金，该合金在室温下屈服强度高达 610MPa、伸长率达到 5%，在保持良好塑性的同时实现了镁合金的超高强度。2007 年国内研究者[7] 利用传统熔铸、挤压工艺获得了屈服强度达到 350MPa、伸长率为 10% 的 LPSO 相增强 $Mg_{97}Y_2Zn_1$ 合金，结合后续等径角加工，该合金的屈服强度超过了 400MPa。

为了能更清楚地了解合金的断裂机制，采用扫描电镜对断口进行了观察。图 3.14 所示为三种挤压合金的断口 SEM 图。从图中可以看出，Mg-9Y-1.5Zn-0.5Cu 合金的断口断面比较平整，组织比较均匀；从 Mg-9Y-0.5Zn-1.5Cu 合金的断口形貌中可以看到大量的韧窝，同时可以看到明显的撕裂棱，从韧窝的形貌可以看出其断裂为微孔聚集形。

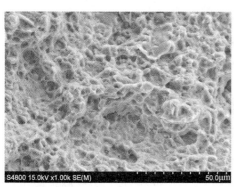
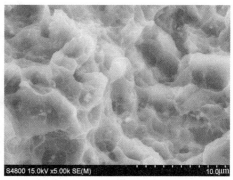

(a)   (b)

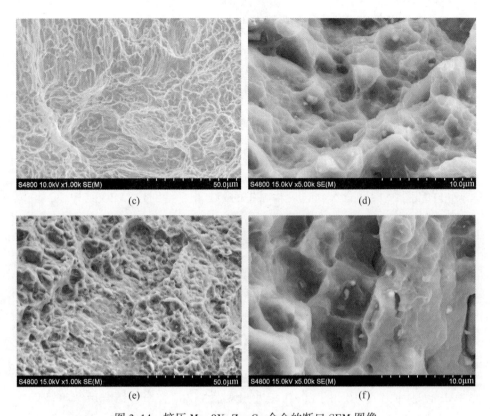

图 3.14　挤压 Mg-9Y-Zn-Cu 合金的断口 SEM 图像

（a）（b）Mg-9Y-1.5Zn-0.5Cu；（c）（d）Mg-9Y-1Zn-1Cu；（e）（f）Mg-9Y-0.5Zn-1.5Cu

3.3.3　挤压 Mg-9Y-Zn-Cu 合金的腐蚀行为及机制

3.3.3.1　浸泡腐蚀行为

图 3.15 所示为三种挤压合金在 3.5%NaCl 溶液中浸泡 72h 的析氢率和浸泡时间之间的关系曲线。从图中可以看出，三种挤压合金的腐蚀速率对比关系和铸造的完全相同，Mg-9Y-1.5Zn-0.5Cu 合金的腐蚀速率最慢，Mg-9Y-1Zn-1Cu 合金的腐蚀速率次之，Mg-9Y-0.5Zn-1.5Cu 合金的腐蚀速率最快。从曲线上可以看到，三种合金都是随着浸泡时间的延长析氢量逐渐增多，而且都是呈现腐蚀速率加快的趋势。但是，相同浸泡时间，三种挤压合金的析氢量都明显低于铸态合金。Mg-9Y-0.5Zn-1.5Cu 合金 72h 浸泡析氢量由铸造合金的 755mL/cm^2 降低到挤压合金的 193mL/cm^2。挤压合金耐腐蚀性能之所

以提高，是由于合金在挤压之前要进行固溶处理，将部分第二相融入镁基体中。一方面减少了第二相和镁合金形成的原电池数量；另一方面，Y、Zn 和 Cu 融入镁基体中，使基体的自腐蚀电位升高，降低了第二相和基体之间的电位差。这两方面都会明显降低材料腐蚀速率。

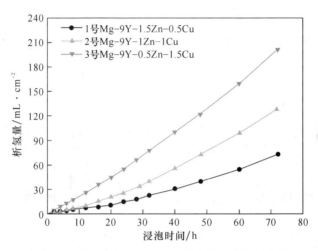

图 3.15   挤压 Mg-9Y-Zn-Cu 合金的浸泡失重曲线

3.3.3.2   电化学腐蚀行为

图 3.16 所示为三种合金在 3.5% NaCl 溶液中的电化学极化曲线。从图中可以看出，Zn 的加入会抑制合金的阴极析氢反应。在腐蚀电位相同的情况下，Mg-9Y-1.5Zn-0.5Cu 合金的电流最低，Mg-9Y-0.5Zn-1.5Cu 合金的电流较

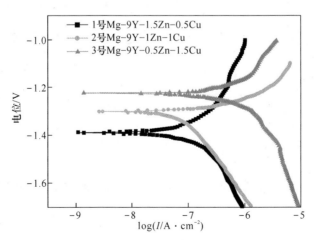

图 3.16   挤压 Mg-9Y-Zn-Cu 合金的极化曲线

高。从腐蚀电位来看，Mg-9Y-1.5Zn-0.5Cu 合金的电位较高，Mg-9Y-0.5Zn-1.5Cu 合金的电位较低。这说明 Mg-9Y-1.5Zn-0.5Cu 合金耐腐蚀性能较好，Mg-9Y-0.5Zn-1.5Cu 合金的腐蚀速率最快。

为了更好的研究挤压三种合金的腐蚀机理，对浸泡 72h 的试样进行了 SEM 观察，图 3.17 所示为挤压 Mg-9Y-Zn-Cu 合金在 3.5%NaCl 溶液中浸泡

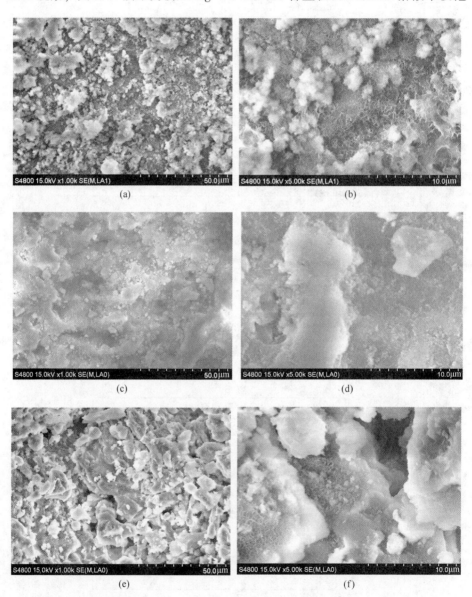

图 3.17 挤压 Mg-9Y-Zn-Cu 合金在 3.5%NaCl 溶液中浸泡 72h 的表面腐蚀形貌

(a)（b）Mg-9Y-1.5Zn-0.5Cu；（c）（d）Mg-9Y-1Zn-1Cu；（e）（f）Mg-9Y-0.5Zn-1.5Cu

72h 的表面腐蚀形貌。此外，图 3.18 所示为三种挤压合金在 3.5%NaCl 溶液中浸泡 72h 后去除表面腐蚀产物的 SEM 表面形貌。从图中可以看出，Mg-9Y-1.5Zn-0.5Cu 合金的腐蚀表面沟壑纵横，与铸态腐蚀表面略有不同，腐蚀产物在合金和基体的交界处产生并且向内部蔓延，Mg-9Y-0.5Zn-1.5Cu 合金腐蚀后试样表面出现了类似蜂窝状的腐蚀洞，在腐蚀洞周围是腐蚀小坑。

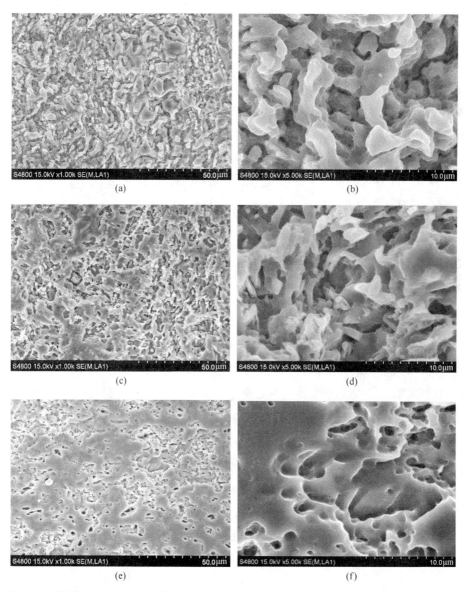

图 3.18 挤压 Mg-9Y-Zn-Cu 合金在 3.5%NaCl 溶液中浸泡 72h 去除腐蚀产物的腐蚀形貌

（a）（b）Mg-9Y-1.5Zn-0.5Cu；（c）（d）Mg-9Y-1Zn-1Cu；（e）（f）Mg-9Y-0.5Zn-1.5Cu

3.4　小结

本章通过对三种铸造及挤压合金的组织结构、力学性能及腐蚀行为进行研究，主要得出以下结论：

（1）铸造 Mg-9Y-Zn-Cu 三种合金都是由较粗大的基体 α-Mg，第二相为 LPSO 相（$Mg_{12}YZn$）和 Mg_2Cu 相组成，随着合金中 Cu 含量的增加，Mg_2Cu 相含量增加。与铸造 Mg-9Y-Zn-Cu 合金相比，挤压 Mg-9Y-Zn-Cu 合金晶粒明显变小，形成较细小动态再结晶组织，第二相更加均匀弥散地分布在基体中。

（2）三种铸造合金的抗拉强度在 130~155MPa 之间，伸长率为 13% 左右，Mg-9Y-1.5Zn-0.5Cu 合金的力学性能最差，抗拉强度大约为 130MPa，伸长率为 11.7%。随着 Cu 含量增多，合金的强度和塑性都有不同程度增大，Mg-9Y-1Zn-1Cu 合金的抗拉强度最大，达到 158MPa，伸长率为 12.1%；Mg-9Y-0.5Zn-1.5Cu 合金的抗拉强度大约为 152MPa，伸长率为 13.2%。挤压后合金的力学性能明显提高，Mg-9Y-1.5Zn-0.5Cu 合金的抗拉强度为 250MPa，伸长率为 17.8%；Mg-9Y-0.5Zn-1.5Cu 合金的抗拉强度大约为 310MPa，伸长率为 19.5%。

（3）由腐蚀行为研究可以得出，三种挤压合金的腐蚀速率对比关系和铸态的完全相同，Mg-9Y-1.5Zn-0.5Cu 合金的腐蚀速率最慢，Mg-9Y-1Zn-1Cu 合金的腐蚀速率次之，Mg-9Y-0.5Zn-1.5Cu 合金的腐蚀速率最快。但是，相同浸泡时间，三种挤压合金的析氢量都明显低于铸造合金。特别是含 Cu 量最高的 Mg-9Y-0.5Zn-1.5Cu 合金 72h 浸泡析氢量由铸态的 $755mL/cm^2$ 降低到挤压态的 $193mL/cm^2$。从 3.5%NaCl 溶液中浸泡 72h 后去除表面腐蚀产物的表面形貌可以看出，Mg-9Y-1.5Zn-0.5Cu 合金的腐蚀表面沟壑纵横，与铸态腐蚀表面略有不同，腐蚀产物在合金和基体的交界处产生并且向内部蔓延，Mg-9Y-0.5Zn-1.5Cu 合金腐蚀后试样表面出现了类似蜂窝状的腐蚀洞，在腐蚀洞周围是腐蚀小坑。

参 考 文 献

[1] 冯振，马天凤，曹睿. 镁-铜异种金属连接技术研究进展 [J]. 焊接，2015（8）：

8~12.

[2] Yang K, Zhang J, Zong X, et al. Effect of microalloying with boron on the microstructure and mechanical properties of Mg-Zn-Y-Mn alloy [J]. Materials Science and Engineering：A, 2016, 669：340~343.

[3] Kawamura Y, Hayashi K, Inoue A, et al. Rapidly solidified powder metallurgy $Mg_{97}Zn_1Y_2$ alloys with excellent tensile yield strength above 600MPa [J]. Materials Transactions, 2001, 42（7）：1172~1176.

[4] Makar G L, Kruger J, Josh A. Advances in Magnesium Alloys and Composites（Eds：H. G. Paris, W. H. Hunt）[M]. International Magnesium Association and the Non-Ferrous Metals Committee, TMS, Phoenix, Arizona, January 26, 1998：105~121.

[5] 石德柯. 材料科学基础 [M]. 北京：机械工业出版社, 2003：337.

[6] Abe E, Kawamura Y, Hayashi K, et al. Long-period ordered structure in a high-strength-nanocrystalline Mg-1at% Zn-2at% Y alloy studied by atomic-resolution Z -contrast STEM [J]. Acta Materialia, 2002, 50（15）：3845~3857.

[7] Wang Rongbin. Roles of RE in magnesium alloys and application of RE magnesium alloys [J]. Nonferrous Metals Processing, 2007, 36（1）：27~29.

4 Mg-4Y-Zn-Cu 合金的组织演变及性能

4.1 引言

如前所述，含 LPSO 相的 Mg-RE-TM 系合金具有良好的力学性能，特别是 LPSO 可以提高强度而不降低塑性。但是其腐蚀速率仍然不能满足井下可溶性的要求。此外，快速的降解速率也会导致工件在实际应用过程中的断裂失效。在第 3 章研究基础上，我们研发了低成本的 Mg-4Y-Zn-Cu 合金。因此，本章就合金的整个腐蚀过程，即第二相的类型、数量、结构、分布情况对合金腐蚀降解速率的影响加以系统分析研究，得到的实验结果也将为 Mg-Y-Zn-Cu 合金的进一步开发和工业应用提供基础数据支持。

本章内容以当前镁合金领域的研究热点 Mg-RE-TM 系合金为基础，从微观组织、腐蚀行为及力学性能三个方面对新设计的新型 Mg-4Y-2Zn、Mg-4Y-1Zn-1Cu 和 Mg-4Y-2Cu 合金进行系统的研究。本次实验前，通过运用 Jmat-Pro9.0 软件从热力学方面计算出 Mg-Y-Zn-Cu 合金平衡相图，为合金的第二相分析以及之后的热处理温度提供理论依据，各合金的平衡相图如图 4.1 所示。从图中可见，在 Mg-Y-Zn-Cu 合金中，室温下除了基体 α-Mg 之外还有较高含量的 W-MgYZn 相和少量的 $Mg_{24}Y_5$ 相。明显可见 X-Mg_{12}YZn 相出现在

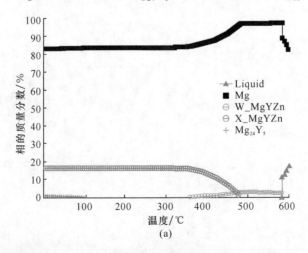

(a)

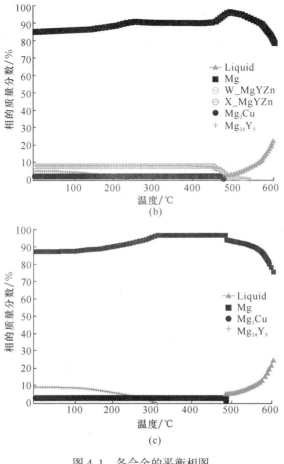

图 4.1 各合金的平衡相图

(a) WZ42;（b）WZC411;（c）WC42

较高的温度条件下。当部分 Zn 被 Cu 取代之后，形成的 Mg-Y-Zn-Cu 合金中出现了 Mg_2Cu 相，而且 $Mg_{24}Y_5$ 相含量明显增多；另外，与 Mg-Y-Zn-Cu 合金相比，Mg-Y-Zn-Cu 合金的开始熔化温度也明显降低。Mg-4Y-2Cu 合金在室温下主要是由 α-Mg、$Mg_{24}Y_5$ 和 Mg_2Cu 相组成。

4.2 Mg-4Y-Zn-Cu 合金的显微组织

4.2.1 XRD 分析

图 4.2 所示为三种铸造合金的 XRD 图谱。结果显示，铸造 WZ42 样品中主要由 α-Mg 和 $Mg_{12}YZn$ 相组成。在 WZC411 样品中，由于 Cu 元素的加入增

加了新相 Mg_2Cu；WC42 样品由 $\alpha-Mg$、$Mg_{24}Y_5$ 和 Mg_2Cu 相组成。可见，在 WZ42 中室温下出现了 $Mg_{12}YZn$ 相，这可能是由于该样品在冷速较快的非平衡条件下进行了凝固导致的。从 XRD 结果还可以看到，部分镁基体的衍射峰逐渐宽化，且强度减弱，这也说明 Cu 元素取代 Zn 元素的过程中合金晶粒得到细化[1]。

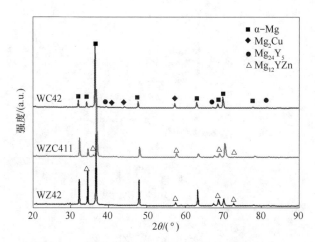

图 4.2　铸造 Mg-4Y-Zn-Cu 合金的 XRD 图谱

4.2.2　金相组织

图 4.3 所示为铸造 Mg-4Y-Zn-Cu 合金的显微组织结构。从图中可以看出，三种合金均呈现出典型的树枝状结构。通过截线法测得 WZ42、WZC411 以及 WC42 样品的平均晶粒尺寸分别为 42.94μm、28.01μm 和 31.34μm。Cu 元素代替 Zn 元素的加入显著细化了合金晶粒大小。WZ42 样品（图 4.3（a））中第二相数量较少，断续着沿晶界呈现出颗粒和棒状相分布。Cu 元素取代部分 Zn 元素后，WZC411 的第二相数量显著增多，组织呈现出严重的树枝状分布；在 Zn 被 Cu 完全取代后，WC42 合金的第二相数量又会有所下降。由于 Cu 在 Mg 中极低的溶解度，导致合金固-液界面过冷度也会增大，溶质偏析更复杂，增多了合金熔炼凝固过程中游离态的形核位点，改变着组织的形态和分布，最终一定程度抑制了 WZC411 和 WC42 样品晶粒粗化[2]。而 Cu 取代部分 Zn 原子的加入，增强了 Mg 基体中剩余 Zn 的扩散速率，使得 WZC411 样品中生成了更多的第二相[3]。

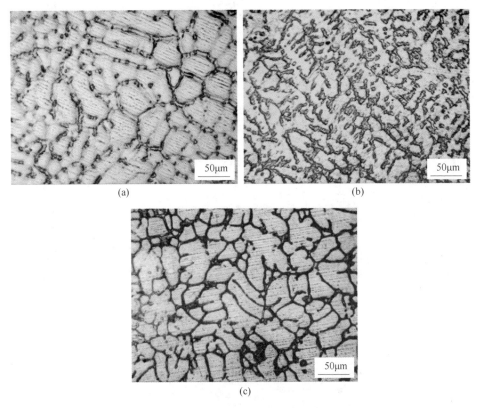

图 4.3 铸造 Mg-4Y-Zn-Cu 合金的微观组织

(a) WZ42；(b) WZC411；(c) WC42

4.2.3 SEM 组织观察与 EDS 分析

图 4.4 所示为铸造 Mg-4Y-Zn-Cu 合金的 SEM 组织图像。从图中可以看出第二相的形态、数量及分布情况，WZ42 样品（图 4.4（a））晶界处分布的亮白色第二相数量较少且不连续。利用能谱仪测出的分析结果，WZ42 样品中亮白色第二相（A 处）的 Zn 和 Y 原子比值约为 1，结合 XRD 分析结果，表明该第二相为 LPSO 结构相，即 $Mg_{12}YZn$。对于 WZC411 样品（图 4.4（b）），Cu 元素取代部分 Zn 元素后，合金中的 α-Mg 基体显著减少，网状的灰色相连续分布在 WZC411 样品内部，EDS 结果显示 Y 的含量约为 4%（原子分数），而 Zn 与 Cu 的含量之和约在 3.5%（原子分数）。这也表明该相为 LPSO 相[4,5]，即 $Mg_{12}YZn$ 与 $Mg_{92}Y_{4.5}Cu_{3.5}$ 相的混合结构，成分约为 $Mg_{92.5}Y_4(Zn,Cu)_{3.5}$。在 WC42 样品（图 4.4（c））中，连续的片层状（D 处）和颗粒状（E 处）共晶相分布，

EDS 结果显示它们分别为 LPSO 相和 LPSO+Mg_2Cu 两相区。此外，在图 4.4 （c）中 F 位置检测到该合金的亮白色的 Y 颗粒。在合金熔炼过程中，如果工艺（例如温度、添加时间、静置时间等）控制不当，一些 RE 元素就会形成氧化物或单质，在基体中析出，造成合金熔炼过程中 RE 元素的损耗。

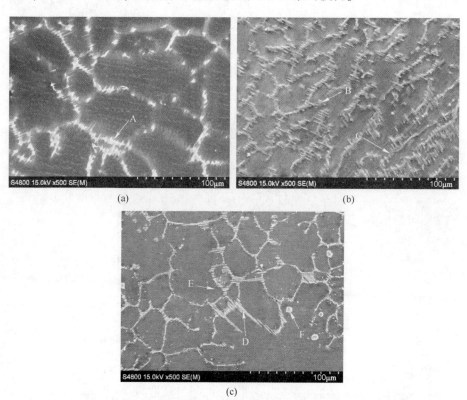

(a)   (b)

(c)

图 4.4   铸造 Mg-4Y-Zn-Cu 合金的 SEM 图像

（a）WZ42；（b）WZC411；（c）WC42

铸造 Mg-4Y-Zn-Cu 合金不同点的 EDS 结果见表 4.1。

表 4.1   铸造 Mg-4Y-Zn-Cu 合金不同点的 EDS 结果（原子分数）（%）

区域	Y	Zn	Cu	Mg
A	3.52	3.43	—	Bal.
B	4.57	1.70	1.48	Bal.
C	3.58	1.94	1.54	Bal.
D	4.31	—	3.88	Bal.
E	2.81	—	19.25	Bal.
F	77.53		1.37	Bal.

4.3 Mg-4Y-Zn-Cu 合金的腐蚀行为

4.3.1 析氢率与析氢速率

图 4.5 所示为铸造 Mg-4Y-Zn-Cu 合金在 3.5%（质量分数）NaCl 溶液中的析氢浸泡测试结果，从图中可以直观看到合金的析氢体积以及析氢反应速率变化情况。图 4.5（a）所示为在 24h 浸泡析氢过程中，WC42 样品共析出 261.7mL/cm^2 氢气，这一实验数据与 WZ42（$V_m = 16.1$mL/cm^2）和 WCZ411（$V_m = 64.05$mL/cm^2）合金相比提升了一个数量级。进一步通过析氢反应速率变化情况可以看到（图 4.5（b）），WZ42 样品的析氢反应速率在 14h 内维持稳定，之后会缓慢加快。而在 Cu 取代 Zn 之后，WCZ411 和 WC42 的析氢反

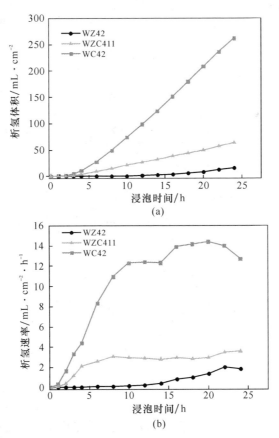

图 4.5 铸造 Mg-4Y-Zn-Cu 合金在 3.5% 的 NaCl 溶液中浸泡 24h 的析氢曲线

(a) 析氢体积；(b) 析氢速率

应速率在 2h 后就急剧增加，并分别在 8h 和 10h 后反应速率维持在 2.9mL/ （cm² · h） 和 12.3mL/（cm² · h） 左右。

　　Cu 元素在取代 Zn 的过程中产生的这种析氢变化，可以从两个方面进行理解：（1） Cu 元素的存在缩短了合金氧化膜的保护周期，反应过程中 H_2 的析出也会不断削弱并破坏保护性的 $Mg(OH)_2$ 膜层，使得合金表面腐蚀破坏提前；（2） 由于 Cu 在镁中的固溶度极低，因此其形成的第二相也会较 Zn 与 Mg、Y 元素形成的第二相多，这也增加了阴阳极面积比。总体来看，均说明 Cu 的引入会对合金的腐蚀降解起到加速作用。WC42 合金具有最快的腐蚀降解速率。

4.3.2　电化学腐蚀行为

　　图 4.6 所示为铸造 Mg-4Y-Zn-Cu 合金在 3.5%（质量分数） NaCl 溶液测得的极化曲线。与 WZ42 样品相比，由于 Cu 的标准电极电位比 Zn 的更正，因此随着 Cu 元素替代 Zn 元素的加入，形成的第二相与基体 Mg 的电位差更大，自腐蚀电位作为阳极与阴极反应互相耦合形成的混合电位，其值通常介于阳极和阴极反应之间。因此，WZC411 和 WC42 样品的自腐蚀电位会随着 Cu 加入量的改变而发生正向移动，降低合金腐蚀的倾向性。从表 4.2 的拟合参数中也可以看到，自腐蚀电位 E_{corr} 越大，合金的自腐蚀电流密度 I_{corr} 由大到小为：WC42>WZC411>WZ42。此外，依据 $P_i = 22.85 I_{corr}$ 可计算出合金平均渗透腐蚀速率 P_i（mm/a）[6,7]。三种合金均呈现阳极控制，这也说明随着 Cu 逐

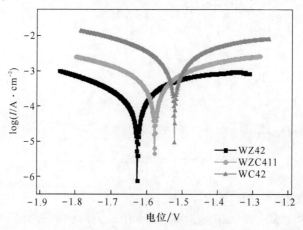

图 4.6　铸造 Mg-4Y-Zn-Cu 合金在 3.5%（质量分数） NaCl 溶液的极化曲线

渐取代 Zn 之后，LPSO 相成分及数量的改变加速了合金的阳极镁溶解反应。WC42 合金具有最快的腐蚀降解速率。

表 4.2 极化曲线的拟合数据参数

材料	E_{corr}/V	I_{corr}/A·cm^{-2}	R_p/Ω·cm^2	P_i/mm·a^{-1}
WZ42	−1.62	1.02×10^{-4}	260	2.33
WZC411	−1.58	3.98×10^{-4}	156	9.0943
WC42	−1.53	15.1×10^{-4}	38	36.103

图 4.7 所示为铸造 Mg-4Y-Zn-Cu 合金在 3.5% NaCl 溶液中测得的阻抗谱。由 Nyquist 图（图 4.7（a））可以看到 WZ42、WZC411 和 WC42 三种合金均由高频容抗弧和低频感抗弧构成。高频容抗弧的孔径通常被作为电荷转移电阻的量度，其值越小，合金的耐腐蚀性越差，即合金的降解速率越快。WC42 和 WZC411 样品容抗弧的孔径远小于 WZ42 样品。Bode 图中所给出的阻抗模值与频率的关系曲线中（图 4.7（b）），阻抗模值随着频率的降低均会逐渐增大。研究表明，在频率趋于零的过程中，阻抗模值 $|Z|_{f\to0}$ 的参数为溶液电阻与电荷转移电阻的和，其数值越大表明合金具有越好的耐腐蚀性[8]。WZ2 样品的阻抗模值 $|Z|_{f\to0}$ 为 602Ω·cm^2，而 WZC 的 $|Z|_{f\to0}$ 则减小到 97Ω·cm^2。WC2 样品具有 14Ω·cm^2 最低的阻抗模值，说明 WC2 具有最快的降解速率。而由 Bode 图中相角与频率的关系曲线（图 4.7（c））也可以明显观察到合金容抗弧及感抗弧的数目。综合上述结果，三类合金的耐腐蚀性能的好坏依次为 WZ42>WCZ411>WC42，这与极化曲线的测试结果一致。

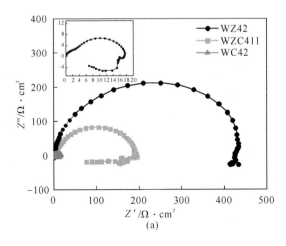

(a)

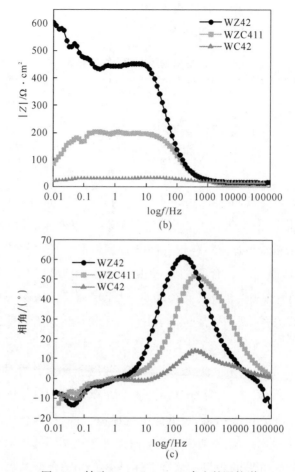

图 4.7　铸造 Mg-4Y-Zn-Cu 合金的阻抗谱

（a）Nyquist 图；（b）阻抗模值与频率关系曲线；（c）相角与频率关系曲线

　　为了进一步探究合金的腐蚀特性，采用 ZSimpWin3.60 软件进行相应的等效电路拟合，针对不同合金阻抗谱拟合出了 R[C[R(QR)](LR)] 和 R[C[R(QR)](LR)(LR)] 两种电路模型，如图 4.8 所示，图 4.8（a）对应合金 WZ42 和 WZC411，图 4.8（b）对应合金 WC42。图中，R_S 为溶液电阻值；C 和 R_1 用以描述腐蚀产物膜的电容和电阻；R_2 和 CPE 元件描述了腐蚀产物膜和镁基体之间的双电层；R_2 是电荷转移电阻，它的数值大小与镁合金降解速率成反比；CPE 为常相角元件，用于代替电容以补偿合金表面的不均匀性，常由 Y_0 和 n 两个数值定义；L_1、R_{L1} 和 L_2、R_{L2} 分别为两组电感和电感电阻，它们用于表征合金表面吸附的中间产物 Mg_{ads}^+ 的存在以及在孔蚀诱导期内孔核形成对合金电化学测试的影响。

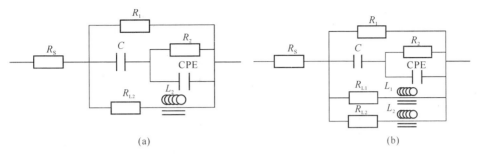

图 4.8　铸造 Mg-4Y-Zn-Cu 合金阻抗谱的等效电路图

(a) WZ42 和 WZC411；(b) WC42

由于在 WZ42 和 WZC411 样品表面存在较为致密的固态腐蚀产物膜，吸附的中间产物 Mg_{ads}^{+} 对整个合金表面的腐蚀加速作用也因阻挡而较弱，使得 R_{L1} 和 L_1 值将无穷大，因而奈奎斯特图退化为一个感抗弧的存在[9]。对于 WC42 合金，由于其表面的絮状腐蚀产物疏松多孔，使得有中间产物参与反应：

$$Mg \longrightarrow Mg_{ads}^{+} + e^{-} \tag{4.1}$$

$$Mg_{ads}^{+} \longrightarrow Mg^{2+} + e^{-} \tag{4.2}$$

可以通过疏松的产物层在合金表面富集，加速反应的进行。此外，Cl^{-} 也可以轻易地通过腐蚀产物在合金表面的点蚀活性位点处富集，这些位置的镁基体的溶解速度远比其他位置的溶解速度高很多，因此在 EIS 中也存在中间产物 Mg_{ads}^{+} 和点蚀引起的双感抗弧电化学阻抗谱特征[9]。根据表 4.3 中给出的相应元件参数，WC42 具有最小的电荷转移电阻 R_2 值 13.98$\Omega \cdot cm^2$，这也意味着 Cu 元素取代 Zn 元素后，合金中的镁基体溶解速率显著增加。

表 4.3　阻抗谱拟合参数

材料	R_S /$\Omega \cdot$ cm^2	C	R_1 /$\Omega \cdot$ cm^2	Y_c /$\Omega^{-1} \cdot$ cm$^{-2} \cdot$ S^{-n}	n	R_2 /$\Omega \cdot$ cm^2	L_1 /H $\cdot$ cm^2	R_{L1} /$\Omega \cdot$ cm^2	L_2 /H $\cdot$ cm^2	R_{L2} /$\Omega \cdot$ cm^2
WZ42	19.33	7.43×10^{-6}	62.18	9.45×10^{-6}	0.8932	164.5	—	—	1638	846.1
WZC411	10.67	3.58×10^{-6}	28.58	1.09×10^{-5}	0.8999	158.8	—	—	1482	657
WC42	17.69	6.524×10^{-6}	4.185	8.69×10^{-5}	0.8824	13.98	1.907	131.3	85.73	9.594

4.3.3　腐蚀形貌

　　图 4.9 所示为 Mg-4Y-Zn-Cu 合金表面腐蚀产物的 SEM 照片，用以评估合金在 3.5%NaCl 溶液中浸泡 24h 后的腐蚀程度。可以看到 WZ42 和 WZC411 样品（图 4.9（a）（b））的测试表面分别形成了一层致密的颗粒状和密集的针状腐蚀层，有效保护金属未被侵蚀的内部。而 WC42 样品（图 4.9（c））表面在扫描下看到一些松散的针状和絮状腐蚀产物，并且腐蚀表面存在较深的腐蚀裂纹。这些结果表明，Cu 取代 Zn 的加入使得腐蚀产物疏松且易脱落，难以提供保护性。因此，WC42 合金具有最严重的腐蚀表面形貌。

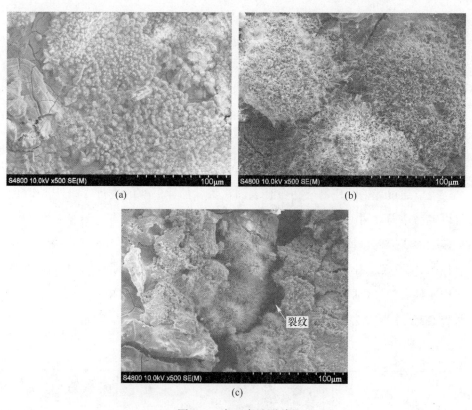

图 4.9　表面腐蚀形貌

（a）WZ42；（b）WZC411；（c）WC42

　　图 4.10 所示为腐蚀截面以及去除腐蚀产物后 Mg-4Y-Cu-Zn 合金的 SEM 形貌。从图中可见，三种合金均存在部分连续分布的 LPSO 相，它可以作为壁垒，在一定程度上可以阻碍电解质溶液渗透，保护内部金属。在图 4.10（a）

中可以看到合金 α-Mg/LPSO 相界面位置，二者形成微电偶加速了 α-Mg 基体的溶解，进而出现腐蚀坑。WZC411 样品（图 4.10（b））中层状 LPSO 结构之间的粗大缝隙为电解质溶液的渗透提供了通道，因此腐蚀反应通过这些通道可以迅速蔓延到合金内部，加速 α-Mg 基体的溶解。在图 4.10（c）的 WC42 样品截面（白色圆圈内）也可以看到腐蚀沿着 α-Mg/LPSO 相的轮廓迅速扩展，使得 α-Mg 晶粒大块脱落到腐蚀产物内，最终腐蚀溶解。

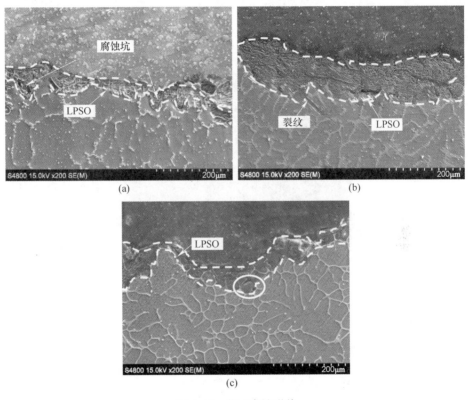

(a)　　　　　　　　　　　　　　　　(b)

(c)

图 4.10　截面腐蚀形貌

(a) WZ42；(b) WZC411；(c) WC42

图 4.11 所示为去除腐蚀产物后 Mg-4Y-Zn-Cu 合金的微观图像。对于 WZ42 样品（图 4.11（a）），其基体表面点蚀坑的形貌特征大致相同，而完好未被腐蚀的 LPSO 相也清晰可见，在二者接触的界面附近还可以看到较深的腐蚀坑。WZC411 样品（图 4.11（b））腐蚀表面被连续网状的 LPSO 相覆盖，抑制了基体的腐蚀及腐蚀扩展。但在部分区域仍然可以看到电解质溶液纵深向侵蚀留下的腐蚀通道。而 WC42 样品（图 4.11（c））表面也形成了网状的

LPSO 相，但是由于其连续性较差，不及 WZC411 样品中的 LPSO 致密，故在微电偶加速作用下，腐蚀沿着 α-Mg/LPSO 相的轮廓扩展严重。

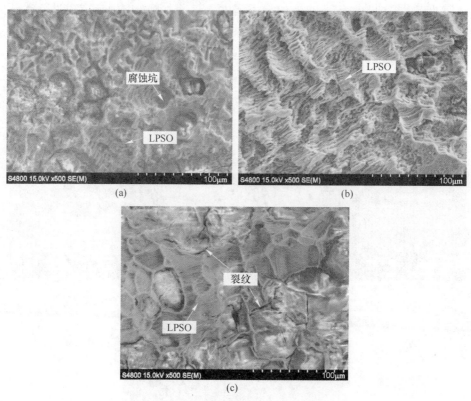

图 4.11　去腐蚀产物后的表面形貌

（a）WZ42；（b）WZC411；（c）WC42

4.3.4　SPM 分析表征

SPM 是用于研究微电化学腐蚀行为非常强有力的工具。因此，在本次实验中，采用 SPM 分析了不同含量的 Cu 元素取代 Zn 元素之后三种合金各自的局部电势分布。SPM 映射结果和线形分析如图 4.12 所示，铸造 WZ42、WZC411 和 WC42 合金 LPSO 相与 α-Mg 基体之间的局部电位差分别为 186mV、307mV 和 415mV。测试数据表明，随着 Cu 元素置换 Zn 元素，WZC411 合金中的 LPSO 相的相对电位差也在逐渐升高。说明 LPSO 相成分的改变，即从 $Mg_{12}YZn$、$Mg_{92.5}Y_4(Zn,Cu)_{3.5}$ 向 $Mg_{92}Y_{4.5}Cu_{3.5}$ 相转变的过程中，其对微电偶腐蚀作用也在逐步增强。SPM 测得的这一结果不仅为合金的腐蚀电位提供了腐蚀热力学方面的直接的依据，也为腐蚀机理的描述提供了具体的数据支持。

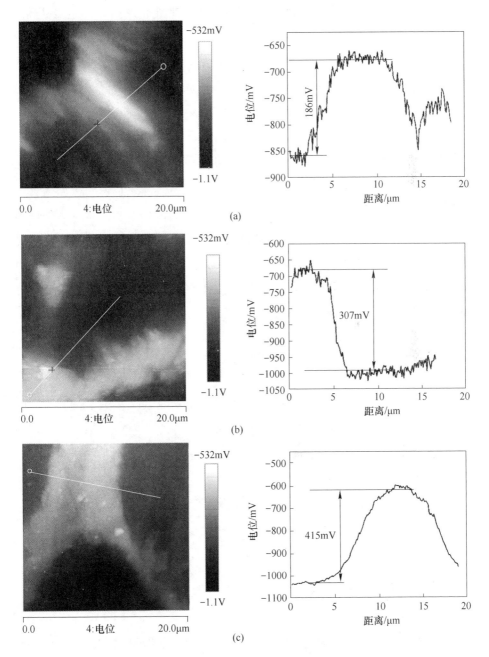

图 4.12 LPSO 相与 α-Mg 基体电位差的 SPM 结果

（a）WZ42；（b）WZC411；（c）WC42

4.3.5　腐蚀机理分析

铸造 Mg-Y-Zn-Cu 合金的腐蚀降解行为如原理图 4.13 所示，主要受到以下两个方面的影响。

第一，合金表面的氧化膜缺陷以及覆盖不完整的区域。众所周知，镁合金能很轻易地与空气中的氧原子结合，从而形成一层不致密但是可以起到一定延缓作用的 MgO 膜，腐蚀的开始区域和合金表面的缺陷、合金表面成分不均匀性密切相关。由于 MgO 膜并不能像 Al_2O_3 一样提供完整保护，因此，在 MgO 膜疏松、破坏以及表面合金成分不均等腐蚀敏感区域，腐蚀性 Cl^- 会优先破坏这些区域并向纵深方向扩展。腐蚀过程中 Mg 失去电子被最终氧化成 Mg^{2+} 进入溶液，同时伴随有 H_2 的析出过程，随着浸泡时间的延长，合金表面逐渐发展成腐蚀坑。根据 E-pH 图[10]，腐蚀过程样品表面的腐蚀溶液也会在短时间内使 pH>10.5，生成的 $Mg(OH)_2$ 覆盖层会稳定沉积吸附在合金腐蚀坑底部，该钝化膜对 WZ42 和 WZC411 合金均起到减缓腐蚀的作用（图 4.13（a）（b））。但是对于 WC42 合金，由于其腐蚀速率与 WZ42、WZC411 合金相比相

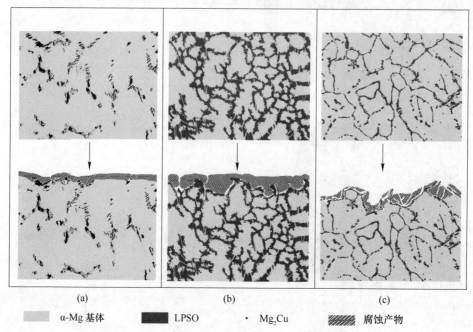

(a)　　　　　　　　(b)　　　　　　　　(c)

■ α-Mg 基体　　　■ LPSO　　　· Mg_2Cu　　　▨ 腐蚀产物

图 4.13　铸造 Mg-4Y-Zn-Cu 合金的腐蚀原理

(a) WZ42；(b) WZC411；(c) WC42

差了一个数量级，因此，合金腐蚀过程中释放的大量 H_2 可以从内部破坏 MgO 膜及腐蚀沉积的 $Mg(OH)_2$ 产物膜的连续性，使得表面的氧化膜不能作为壁垒层为 WC42 合金提供有效保护（图 4.13 (c)）。

第二，阴极第二相双重影响。第二相的成分类型、体积数量以及分布状态等在 Mg-Y-Zn-Cu 合金腐蚀降解过程中担任重要角色。随着实验中 Cu 取代 Zn 原子，铸态 WZ42、WZC411 和 WC42 合金中主要的第二相的构成元素也在 $Mg_{12}YZn$、$Mg_{92.5}Y_4(Zn,Cu)_{3.5}$、$Mg_{92}Y_{4.5}Cu_{3.5}$ 间逐渐过渡。根据腐蚀热力学原理以及 SPM 测试结果，更大的腐蚀电位差致使其各自的阴极活性及点蚀的驱动力均不同。第二相对基体的腐蚀加速效果为 $Mg_{92}Y_{4.5}Cu_{3.5}$ > $Mg_{92.5}Y_4(Zn,Cu)_{3.5}$ > $Mg_{12}YZn$。尽管如此，具体合金中第二相究竟是作为阴极加速腐蚀还是作为物理壁垒保护，最终要取决于第二相的数量和分布[11]。WZ42 样品中断续分布的 LPSO 相主要起阴极作用，加速基体溶解，但是由于数量较少，对腐蚀驱动作用有限；而 Zn 也更多地固溶到基体相中，合金基体腐蚀电位也升高，因此耐腐蚀性最好（图 4.13 (a)）。WZC411 样品中 LPSO 尺寸显著增大，尽管大部分区域连续的 LPSO 相对腐蚀起到了物理壁垒作用，但是由于其层片之间存在缝隙，较小尺寸的 Cl^- 可以轻松透过 LPSO 相的阻碍（图 4.13 (b)）；并且 Cu 的替换使得 LPSO 相与基体的电位差也增大，阴阳极面积比增大，综合作用下 WZC411 样品的腐蚀降解速率也有所增大。WC42 样品中的 LPSO 相与 WZC411 样品的 LPSO 相相比对阻挡腐蚀液的渗透作用减弱，并为腐蚀扩展提供了敏感区（LPSO/α-Mg 轮廓处）；而 LPSO 相组成成分的改变以及颗粒状新相 Mg_2Cu 的生成使得其腐蚀驱动力也增强（图 4.13 (c)），导致 WC42 样品的腐蚀降解速率维持在一个较高水平。

4.4 Mg-4Y-Zn-Cu 合金的力学性能

4.4.1 拉伸应力-应变曲线

图 4.14 所示为 Mg-4Y-Zn-Cu 合金的应力-应变曲线。三种合金屈服强度（TYS）、抗拉强度（UTS）以及伸长率（EL）随 Cu 取代 Zn 的变化情况见表 4.4。由图 4.14 可知，在 Cu 取代 Zn 的过程中，三种合金的屈服强度呈现正态分布，WZC411 合金具有最大的屈服强度，为 96MPa；三种合金的抗拉强度分别为 165MPa、173MPa 和 167MPa，伸长率呈现出先降低后增加的趋势。

拉伸试验结果表明，在 Cu 元素逐渐取代 Mg-4Y-2Zn 合金中 Zn 元素的过程中，尽管 WZC411、WC42 合金的伸长率有所减小，但是其屈服强度、抗拉强度均有微小的提高，且 WC42 合金与 WZC411 合金相比具有更高的伸长率。

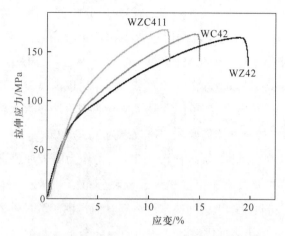

图 4.14　铸造 Mg-4Y-Zn-Cu 合金的应力-应变曲线

表 4.4　铸造 Mg-4Y-Zn-Cu 合金力学性能参数

合金	TYS/MPa	UTS/MPa	EL/%
WZ42	70	165	19.5
WZC411	96	173	11.7
WC42	81	167	14.7

4.4.2　断口分析

图 4.15 所示为 Mg-4Y-Cu-Zn 合金在室温下拉伸后的断口 SEM 形貌。从图中可以看出，WZ42 样品的断口主要由韧窝和少量的撕裂棱组成，韧窝的尺寸较小，在整个断口上呈现均匀分布，进一步验证了 WZ42 样品的塑性较好，合金的断裂主要是韧性断裂。在韧窝的边缘可以看到有细小的第二相碎片（图中白色箭头处）存在。在 WZC411 和 WC42 样品的断口处可以观察到大量的解理台阶与少量的韧窝、解理平面，且断口处也可以观察到第二相碎片的存在，合金处于从韧性断裂向脆性断裂过渡的阶段。

Cu 元素逐步取代 Zn 使得含 Cu 合金的屈服强度呈现先增大后减小的趋势。借助经典的 Hall-Petch 公式可以估算晶粒大小与屈服强度的关系[12]：

$$\sigma_s = \sigma_0 + kd^{-1/2} \qquad\qquad (4.3)$$

式中，d 为晶粒直径；σ_0、k 为实验得出的常数；σ_s 为屈服强度。

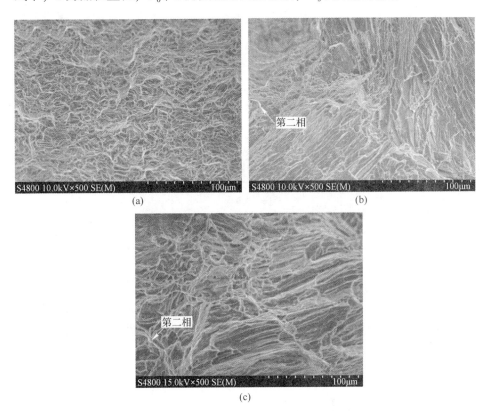

图 4.15　铸造 Mg-4Y-Zn-Cu 合金的断口 SEM 形貌

(a) WZ42；(b) WZC411；(c) WC42

　　由前所述的力学结果可以看出，WZC411 和 WC42 样品的晶粒尺寸明显得到细化，但是，由于 LPSO 相在晶界处宽化分布明显，因此对于晶粒尺寸的测量也存在一定的误差影响。据报道[13, 14]，晶粒细化导致的晶界总面积增大，使得位错滑移、形变孪晶的生成都受到更多的阻碍作用，故既提高了强度又提高了塑性；而 LPSO 相作为 Mg-RE-TM 系合金的主要强化相，在提高镁合金机械强度的同时，还可以充当镁合金精炼剂[15]。简而言之，LPSO 相对于Mg-RE-TM 系合金的增强增韧起着重要的作用；但同时第二相析出量增多，在晶界上会产生严重的枝晶偏析，其在拉应力下对裂纹的萌生和扩展起着促进作用，导致合金伸长率下降。本次研究中，Cu 逐步取代 Zn 的过程使得合金的机械强度有着不同程度的提高，但总体变化不大。

4.5　小结

(1) 改变合金中的添加元素可以改变微观组织结构。随着 Cu 逐渐取代 Zn，WZC411 和 WC42 合金的晶粒尺寸也得到不同程度的细化。此外，三种被研究合金中的 LPSO 相构成元素也会从 WZ42 合金中的 $Mg_{12}YZn$ 转变为 WZC411 合金中的 $Mg_{92.5}Y_4(Zn,Cu)_{3.5}$，再到 WC42 合金中的 $Mg_{92}Y_{4.5}Cu_{3.5}$。

(2) 随着 Cu 含量的增加，三种合金的 $Mg(OH)_2$ 腐蚀产物膜的致密度逐步减小，对基体保护作用下降。不同合金中 LPSO 相的阴极活性及腐蚀驱动力均不同，对腐蚀产生的促进作用 $Mg_{92}Y_{4.5}Cu_{3.5}>Mg_{92.5}Y_4(Zn,Cu)_{3.5}>Mg_{12}YZn$。此外，Cu 的加入增大了 WZC411 和 WC42 合金阴阳极的面积比，从而电偶腐蚀对合金腐蚀加速作用显著。

(3) 不同合金添加元素对合金力学性能的强化机理各不相同。由于 Zn 在镁中的溶解度较 Cu 的高，WZ42 合金在固溶强化以及第二相强化的作用下，其屈服强度、抗拉强度和伸长率分别为 68MPa、165MPa 和 19.5%。而在 Cu 逐渐取代 Zn 元素后，WZC411 和 WC42 合金除伸长率有不同程度的降低外，其余性能基本均高于 WZ42 合金，且 WZC411 合金屈服强度和抗拉强度分别增长到 96MPa 和 173MPa。

参 考 文 献

[1] 周玉. 材料分析方法 [M]. 北京：机械工业出版社，2011.

[2] 袁付庆，张静，方超. 稀土元素对镁合金晶粒细化的研究 [J]. 材料热处理技术，2012，42：30~35.

[3] Buna J. Natural aging Mg-Zn-(Cu) alloys [J]. Metallurgical and Materials Transactions A，2008，39 A (9)：2259~2273.

[4] Zhu Y M, Weyland M, Morton A J, et al. The building block of long-period structures in Mg-RE-Zn alloys [J]. Scripta Materials，2009，60 (11)：980~983.

[5] Chen R R, Ding X, Chen X Y, et al. In-situ hydrogen-induced evolution and de-/hydrogenation behaviors of the $Mg_{93}Cu_{7-x}Y_x$ alloys with equalized LPSO and eutectic structure [J]. International Journal of Hydrogen Energy，2019，44：21999~22010.

[6] Shi Z M, Atrens A. An innovative specimen configuration for the study of Mg corrosion [J].

Corrosion Science, 2011, 53: 226~246.

［7］Cao F Y, Shi Z M, Song G L, et al. Corrosion behaviour in salt spray and in 3. 5% NaCl solution saturated with Mg(OH)$_2$ of as-cast and solution heat-treated binary Mg-X alloys: X = Mn, Sn, Ca, Zn, Al, Zr, Si, Sr ［J］. Corrosion Science, 2013, 76: 60~97.

［8］Liu X M, Yang Q Y, Li Z Y, et al. A combined coating strategy based on atomic layer deposition for enhancement of corrosion resistance of AZ31 magnesium alloy ［J］. Applied Surface Science, 2018, 434: 1101~1111.

［9］曹楚楠, 张鉴清. 电化学阻抗谱导论 ［M］. 北京: 科学出版社, 2002.

［10］Ambat R, Aung N N, Zhou W. Evaluation of microstructural effects on corrosion behaviour of AZ91D magnesium alloy ［J］. Corrosion Science, 2000, 42 (8): 1433~1455.

［11］Song G. Recent progress in corrosion and protection of magnesium alloys ［J］. Advanced Engineering Materisls, 2005, 7 (7): 563~586.

［12］Yu H, Kim Y M, You B S, et al. Effects of cerium addition on the microstructure, mechanical properties and hot workability of ZK60 alloy ［J］. Materials Science and Engineering A, 2013, 559 (598): 798~807.

［13］Li R G, Xin R L, Liu Q, et al. Effect of grain size, texture and density of precipitates on the hardness and tensile yield stress of Mg-14Gd-0. 5Zr alloys ［J］. Materials Design, 2017, 114: 450~458.

［14］Jiang H S, Qiao X G, Xu C, et al. Ultrahigh strength asextruded Mg-10. 3Zn-6. 4Y-0. 4Zr-0. 5Ca alloy containing W phase ［J］. Materials Design, 2016, 108: 391~399.

［15］Hagihara K, Kinoshita A, Sugino Y, et al. Effect of long-period stacking ordered phase on mechanical properties of Mg$_{97}$Zn$_1$Y$_2$ extruded alloy ［J］. Acta Materialia, 2010, 58: 6282~6293.

5 固溶处理 Mg-4Y-2Cu 合金的组织演变及性能

5.1 引言

众所周知，固溶、时效和退火处理等热处理是在设计、熔炼、制备乃至成型之后，较为常用的改善或调整镁合金组织结构、腐蚀行为和力学性能的有效途径。而镁合金的综合性能能否通过热处理进行强化，完全取决于添加的合金元素的固溶度是否会随着热处理温度而发生变化。本实验的主要合金为 Cu、Y 元素，Y 在 Mg 中的最大固溶度为 12.4%，而且随着温度的升高而逐渐增加，具有强化的潜力[1]；Cu 元素作为镁合金的"杂质"元素，在镁中的固溶度非常低，但是可以和 Y 结合形成金属间化合物。不同温度固溶处理对这些元素和金属间化合物的影响，以及对合金性能的影响目前还鲜有研究。因此，本章对 Mg-4Y-2Cu 合金进行固溶处理，其目的是研究其合金微观组织、腐蚀行为和力学性能的演变规律。

据第 4 章研究结果发现，通过 Cu 元素部分或全部替换 Mg-4Y-2Zn 合金中的 Zn 元素，可以使铸造 Mg-4Y-1Zn-1Cu 和 Mg-4Y-2Cu 合金的腐蚀降解速率分别增长 4 倍和 16.5 倍，且保证材料的强度没有明显降低。这也证实了 Cu 元素替换 Zn 后 Mg-4Y-2Cu 合金作为快速降解的性能更加优异。而对于其所含的 LPSO 相，文献报道 14H 结构 LPSO 相是 Mg-Cu-Y 体系合金中唯一稳定存在相，它也是唯一可以与 α-Mg 相达到热力学平衡的三元金属间化合物[2]。因此，本章主要针对铸造 Mg-4Y-2Cu 合金，分别在 400℃、430℃、460℃、500℃下进行固溶处理，保温时间为 24h 后进行水淬。通过分析合金内部组织晶粒大小、元素成分分布及第二相种类、数量、分布等发生的变化，期望在调控合金腐蚀降解速率的同时使 Mg-4Y-2Cu 合金力学性能得到有效的改善，为可控快速降解镁合金材料的开发和应用提供基础数据支持。

5.2　固溶处理 Mg-4Y-2Cu 合金的显微组织

5.2.1　金相组织

图 5.1 所示为 Mg-4Y-2Cu 合金在不同温度进行固溶热处理样品的金相显微组织，从图中可以看出，随着固溶温度的升高，样品的晶粒明显长大，通过截线法测得 4 种合金的平均晶粒尺寸依次为 33.81μm、40.83μm、99.42μm 和 175.29μm。与铸态组织（图 4.3（c））对比，经 400℃固溶样品的组织没有明显变化，仍然呈细小的树枝晶状（图 5.1（a））。而 430℃固溶处理合金，其显微组织仍然呈现出典型的树枝状结构，但是枝晶明显粗大，而且晶界也加粗（图 5.1（b）），这可能是溶质原子在晶界上聚集造成的。在热力学上，晶界的吉布斯自由能高于晶内，在一定条件下，多余的溶质原子将聚集

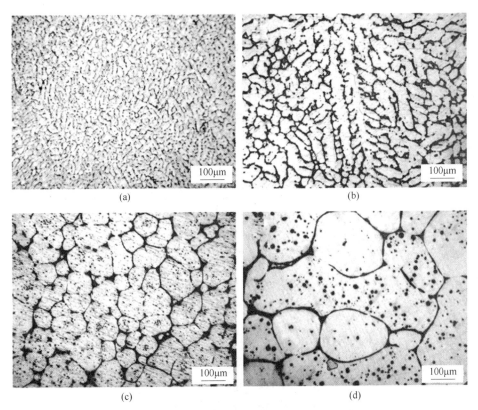

图 5.1　固溶处理 Mg-4Y-2Cu 合金的金相图像

（a）T4-400；（b）T4-430；（c）T4-460；（d）T4-500

在晶界上，以保持体系总的自由能最低[3]；而进一步提高固溶温度后，合金的组织转变为等轴晶，而且更为粗大。当温度达到 500℃时，样品中个别晶粒在一维尺度上几乎达到毫米级。众所周知，晶粒长大是晶界迁移的过程，本质上是原子的跨晶界扩散，因此影响扩散的因素也会影响晶界迁移，如溶质原子、第二相颗粒大小和分布、温度等。本实验中，温度是唯一的变化因素，根据扩散第一方程[3]：

$$J = - D \cdot \partial C / \partial x \qquad (5.1)$$

式中，J 为扩散通量；D 为扩散系数；C 为溶质的体积浓度；x 为扩散方向的距离。

由式（5.2）：

$$D = D_0 \exp(- Q / kT) \qquad (5.2)$$

可见扩散系数 D 随温度 T 呈指数关系增加。因此，实验中每增加很小的温度，晶粒便呈现明显的长大过程。另外，400℃和 430℃固溶处理样品中，第二相主要分布于晶界上，晶内相对比较"干净"，几乎观察不到第二相存在；而460℃处理后的合金中，除了晶界上，特别是三岔晶界位置上深色的第二相分布之外，晶内也明显析出细小的颗粒状相，弥散均匀地分布在晶粒内部；500℃处理后，可以看到第二相的数量明显减少，晶内的颗粒相明显长大，呈规则的球状。

5.2.2　SEM 组织观察与 EDS 分析

根据图 5.2 给出的不同固溶温度处理后 Mg-4Y-2Cu 合金的 SEM 图片，进一步分析铸态 Mg-4Y-2Cu 合金所含第二相数量、分布及形貌的变化规律，可见，升高固溶温度可使合金晶界聚集的第二相数量明显减少。在 T4-400 和 T4-430 样品（图 5.2（a）（b））中，固溶处理难熔的杂质或化合物分布在晶界上，"纯净"的组织内部可以看到沿着晶界偏聚的树枝状灰色相和颗粒状亮白色相相互交替分布。如表 5.1 所示，利用能谱仪对其放大图 T4-400 和 430 合金的网状第二相（图 5.2（b）（d））进行定性分析测试，发现两位置的 Y、Cu 元素的原子比接近 1.28，据研究[4]为 $Mg_{92}Y_{4.5}Cu_{3.5}$（LPSO）相；合金晶界处亮白色相（标记位置）为 Mg_2Cu 相。而 Mg-4Y-2Cu 合金在 460℃和500℃（图 5.2（c）（d））下固溶处理 24h 后，合金中第二相的溶解程度也显著增大，数量锐减的第二相对晶界所起的"钉扎"作用减弱，晶粒明显长大，二者粗大的晶粒呈现等轴状分布。此外，晶粒内部析出的颗粒状第二相也随固溶温度升高有增多、长大趋势。能谱分析结果显示无论是 E、G 点位置的晶界处网状相，还是 F、H 点位置的球状相，Cu/Y 原子比皆接近 18：5。故认为 T4-460 和 T4-500 合金中第二相是由 $Mg_{77}Cu_{18}Y_5$ 相构成[5]。

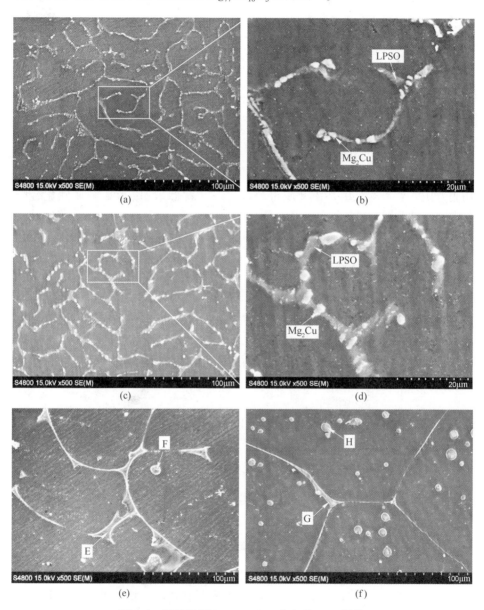

图 5.2　固溶处理 Mg-4Y-2Cu 合金的 SEM 图像

(a)（b）T4-400；(c)（d）T4-430；(e) T4-460；(f) T4-500

表 5.1   图 5.2 中固溶处理 Mg-4Y-2Cu 合金不同点的 EDS 结果（质量分数）

区域	Y/%	Cu/%	Mg/%
A	4.77	3.44	Bal.
B	1.17	18.75	Bal.
C	4.06	3.12	Bal.
D	0.15	21.33	Bal.
E	5.26	17.85	Bal.
F	5.09	17.99	Bal.
G	5.57	19.84	Bal.
H	3.74	19.31	Bal.

综上所述，升高固溶温度未能使 Mg-4Y-2Cu 合金显微组织中的第二相完全溶解到基体内。该现象归因于 Cu 在 Mg 中极低的溶解度。据报道[6]，当 Cu 在 Mg 中的含量大于 0.15%（质量分数）时，就会与 Mg 形成金属间化合物 Mg_2Cu 分布在晶界上。因此，固溶处理过程使化合物中部分的 Y 原子扩散溶解到基体内，而未溶的 Y 原子和不溶的 Cu 原子随着晶界迁移，以保持合金的低自由能。对于 T4-400 和 T4-430 合金，由于固溶温度较低，第二相仅发生了不同程度的扩散和溶解，合金内部未有新相析出。根据 Jiang 等人[5]阐述 Mg-Cu-Y 体系合金在 442℃左右的温度区间内会发生准包晶反应 L+α-Mg ↔14H+ Mg_2Cu，且该反应的液相成分约为 $Mg_{77}Cu_{18}Y_5$。460℃ 和 500℃ T4 处理 24h，使得 Mg-4Y-2Cu 合金发生液化，快速的淬火使得液相成分不能及时扩散，因此以 $Mg_{77}Cu_{18}Y_5$ 相存在于合金中。

5.3   固溶处理 Mg-4Y-2Cu 合金的腐蚀行为

5.3.1   析氢率与析氢速率

图 5.3 所示为四种 T4 处理 Mg-4Y-2Cu 合金在 3.5%（质量分数）NaCl 溶液中的析氢体积及析氢腐蚀速率的测试结果。析氢实验具有准确、灵敏、误差小的优势，可直观反映出合金不同时段内的腐蚀变化情况。从图 5.3（a）所示可以看到，最初浸泡的 2h 内，四种合金单位面积析出氢气的体积差别并不明显。之后处于一个短暂加速阶段，随后基本达到稳定析氢状态。四种样品在浸泡的 24h 内单位面积析氢率分别为 232.6mL/cm²、295.6mL/cm²、163.1mL/cm² 和 136.4mL/cm² 的氢气。进一步分析析氢速率变化规律（图

5.3（b）），四种合金的腐蚀速率变化大致可以分为三个阶段：加速腐蚀期（0~8h）、减速腐蚀期（8~14h）和腐蚀平稳期（14h 以后）。析氢实验结果显示：T4-430>T4-400>T4-460>T4-500。

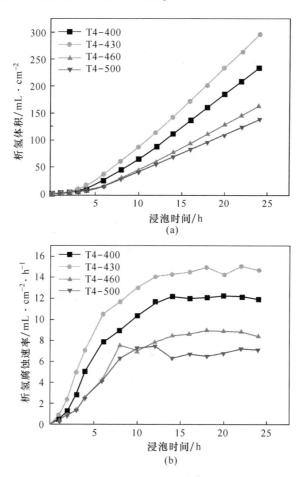

图 5.3　固溶处理 Mg-4Y-2Cu 合金在 3.5% 的 NaCl 溶液中浸泡 24h 的析氢曲线

（a）析氢体积；（b）析氢速率

固溶温度对 Mg-4Y-2Cu 合金的析氢腐蚀影响规律，主要取决于合金晶粒大小、活性阴极相的数量以及腐蚀产物层的厚度。由微观组织形貌可知，随着固溶温度的升高，Mg-4Y-2Cu 合金中晶界的数量也会逐渐减少，阴阳两极的面积比降低，基体电位升高。除 T4-430 合金，其余合金均随着固溶温度的升高电偶腐蚀作用减弱，耐腐蚀性能得到不同程度的提升。而 T4-430 的析氢率和析氢速率的增大，将在 5.3.5 节腐蚀机理中进一步分析说明。

5.3.2　电化学腐蚀行为

图 5.4 所示为不同固溶温度的 Mg-4Y-2Cu 合金在 3.5%（质量分数）NaCl 溶液测得的电化学极化曲线。极化曲线中阴极区域代表析氢反应，阳极区域代表着镁基体溶解为 Mg^{2+}。四种合金阴极区域的析氢曲线大致相似。由极化曲线可以看出，随着固溶温度的升高，合金的自腐蚀电位先向 X 轴负向移动，之后又正向移动。选取极化曲线的强阳极和强阴极部分对 Tafel 曲线进行了最小二乘法拟合，得到的合金自腐蚀电流密度 I_{corr}、自腐蚀电位 E_{corr} 以及计算的极化电阻 R_p 见表 5.2。合金腐蚀电流密度 I_{corr} 大小依次为：T4-430>T4-400>T4-460>T4-500。众所周知，腐蚀电位代表了材料的腐蚀热力学，而腐蚀电流密度代表了其腐蚀动力学[7]。据伍莎[8]研究，自腐蚀电位越正，自腐蚀电流密度越低，合金耐腐蚀性能越强。因此，除 T4-430 样品外，固溶温度升高改善了合金的耐腐蚀性。这是由于固溶减少了第二相的数量，降低了活性阴极相的面积所导致。这一测试与析氢腐蚀结果基本保持一致。

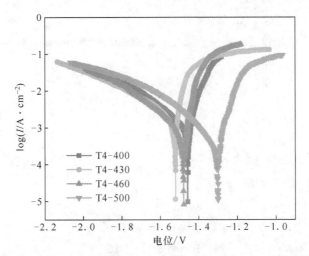

图 5.4　固溶处理 Mg-4Y-2Cu 合金在 3.5%（质量分数）NaCl 溶液的极化曲线

表 5.2　极化曲线的拟合数据参数

材料	E_{corr}/V	$I_{corr}/A \cdot cm^{-2}$	$R_p/\Omega \cdot cm^2$
T4-400	-1.48	9.87×10^{-4}	65
T4-430	-1.52	16.4×10^{-4}	31
T4-460	-1.46	7.76×10^{-4}	89
T4-500	-1.3	6.45×10^{-4}	114

　　为了更加详细地研究固溶温度对 Mg-4Y-2Cu 合金电化学腐蚀的影响，图 5.5 进一步测量了合金的交流阻抗图谱。从图 5.5（a）的奈奎斯特（Nyquist）图中可以看到四种合金阻抗谱的特征基本一致，都由高频容抗回路和低频感抗回路构成。这表明不同固溶温度后合金的腐蚀机理相同。高频容抗弧半径直观地反映了合金腐蚀过程发生的难易程度及产物膜对合金的保护效应。从图中可以看到，T4-500 合金容抗回路的半径最大，而 T4-430 合金的容抗回路半径最小。从图 5.5（b）的 Bode 图中阻抗模值与频率的关系曲线可以看出，固溶温度的改变使得合金的阻抗先减小后增大，而低频区四种合金阻抗不同程度的下降，可归因于测试过程中钝化层局部破坏造成的。从图 5.5（c）反映相角与频率关系曲线的 Bode 图中可以看到，随着固溶温度的升高，相角先

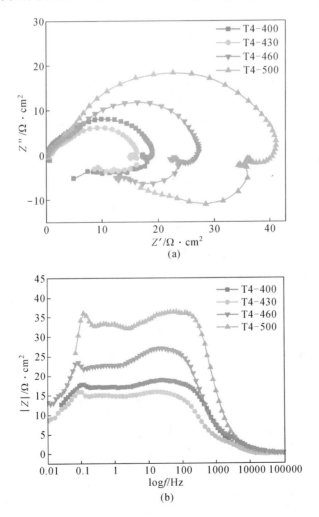

(a)

(b)

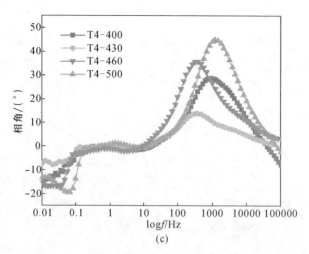

图 5.5　固溶处理 Mg-4Y-2Cu 合金的阻抗谱

（a）奈奎斯特（Nyquist）图；（b）阻抗模值与频率关系曲线；（c）相角与频率关系曲线

略有减小，后又逐渐增大，且相角出现峰值的横坐标也随固溶温度的升高而正向移动。固溶温度导致的 $|Z|$ 值增大，也说明了合金腐蚀发生和扩展的驱动力减小。阻抗结果显示四种合金的腐蚀降解速率：T4-430>T4-400>T4-460>T4-500，与极化结构保持一致。

图 5.6 所示的等效电路可表征固溶温度对 Mg-4Y-2Cu 合金界面腐蚀过程产生的影响。根据对金属腐蚀机理的研究及电化学阻抗的理论分析，对不同固溶处理后的等效电路仍然采用了与铸造 Mg-4Y-2Cu 合金相同的 R{C[R(QR)](LR)(LR)} 来对合金的阻抗谱进行解析。电路图中 R_s 定义为溶液电阻，R_1 定义为腐蚀产物膜电阻，R_2 定义为电荷转移电阻。采用该电路模型对不同固溶温度的合金进行阻抗谱的模拟，阻抗谱拟合参数见表 5.3。数据显示四种合金产物膜电阻 R_1 的值均非常低，这也表明界面腐蚀过程中腐蚀产物层所起的阻碍作用非常有限。而四种合金电荷转移电阻 R_2 的值由大到小依次为：T4-500>T4-460>T4-400>T4-430，直观反映出合金界面腐蚀难易程度，即 T4-430 合金具有最快的腐蚀降解速率，而 T4-500 的降解速率最慢。这一结果表明，固溶温度升高造成的晶粒增大、晶界数量减少、阴阳极面积比下降，使得电偶腐蚀的驱动力降低，合金耐腐蚀性增强。

对于合金在低频区域存在的两段感抗弧，该类型的奈奎斯特图与曹楚楠等人提出的电极反应速率除受电极电位 E 还受两个状态变量 X_1 和 X_2 控制的

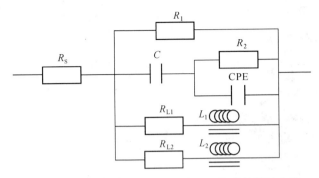

图 5.6 固溶处理 Mg-4Y-2Cu 合金阻抗谱的等效电路

情况下，AT-BD>0 的情形非常相似[9]。根据其提出的金属腐蚀过程中可能出现四种电极类型，双低频感抗弧的出现是受到测试过程中吸附的中间产物 Mg_{ads}^{+} 的存在以及孔蚀诱导期内孔核形成的影响。由于电偶腐蚀的驱动作用，T4-430 合金表面吸附的 Mg_{ads}^{+} 也会增加，使得镁溶解反应得到促进，其对应的电感 L_1 值相对较低。

表 5.3 阻抗谱拟合参数

材料	R_S /$\Omega \cdot$ cm^2	C	R_1 /$\Omega \cdot$ cm^2	Y_c /$\Omega^{-1} \cdot$ cm$^{-2} \cdot$ S^{-n}	n	R_2 /$\Omega \cdot$ cm^2	L_1 /H $\cdot$ cm^2	R_{L1} /$\Omega \cdot$ cm^2	L_2 /H $\cdot$ cm^2	R_{L2} /$\Omega \cdot$ cm^2
T4-400	6.704	1.002×10^{-5}	8.306	3.246×10^{-5}	0.9568	16.48	4.249	195	194.8	15.05
T4-430	16.68	9.607×10^{-6}	4.29	8.415×10^{-5}	0.9125	11.6	1.503	187.3	231.5	4.523
T4-460	9.063	3.154×10^{-6}	6.141	1.475×10^{-5}	0.9832	20.7	4.436	234.2	124.4	17.95
T4-500	9.727	3.236×10^{-6}	5.233	1.585×10^{-5}	0.9509	35.83	5.003	264.5	190.8	25.89

5.3.3 腐蚀形貌

图 5.7 所示为不同固溶温度处理 Mg-4Y-2Cu 合金表面腐蚀产物的 SEM 形貌。显然，四种合金均遭受到较严重腐蚀，且表面干燥脱水后留下龟裂纹，腐蚀产物致密性较差，对合金耐腐蚀保护非常微弱，甚至可能加速腐蚀[10]。T4-400 合金和 T4-430 合金（图 5.7（a）（b））表面残余腐蚀产物呈絮状分布，且整体的形貌特征基本相同；T4-460 合金的部分区域腐蚀溶解较深，在晶界处残余着凸起的长条状 $Mg_{77}Cu_{18}Y_5$ 相（图 5.7（c））；T4-500 合金由于

溶质原子的大量溶解导致电偶加速作用下降，腐蚀产物表面则相对较为平整（图5.7 (d)）。

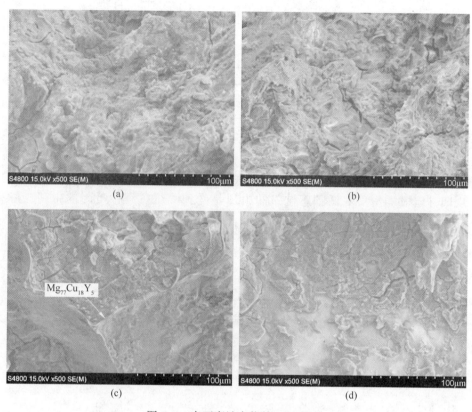

图5.7　表面腐蚀产物的 SEM 形貌

(a) T4-400；(b) T4-430；(c) T4-460；(d) T4-500

图5.8 所示为不同固溶温度处理 Mg-4Y-2Cu 合金腐蚀后截面的微观形貌。由图可以更清楚地看到尽管合金表面覆盖的腐蚀产物的厚度差异较大，但是均疏松多孔，腐蚀性 Cl^- 可以轻易地以缝隙为通道透过腐蚀产物层渗透到基体，加速溶解内部的 α-Mg 基体相。对于 T4-400 样品和 T4-430 样品（图 5.8 (a)(b)），尽管沿晶界连续分布着网状的 LPSO 和弥散的球状 Mg_2Cu 两相区域，起到抑制腐蚀渗透的壁垒作用，但是在电偶腐蚀驱动下，腐蚀会沿着网状第二相与基体轮廓快速扩展，最终在腐蚀界面处暴露出电位较高的第二相与沉积的腐蚀产物；同时，从图5.8 (b) 中还可以看到与 Mg_2Cu 相相邻的 LPSO 相正在溶解。但当固溶温度升高，T4-460 样品和 T4-500 样品（图

5.8（c）（d））中大部分的第二相会重新溶解到基体中，较少数量的条状和球状第二相所起的电偶腐蚀加速作用下降，同样抑制电解液侵蚀能力下降，在二者协同作用下，不同程度提高了 T4-460 和 T4-500 合金的耐腐蚀性。此外，从图 5.8（c）（d）中还看到了部分第二相的腐蚀溶解断裂，说明部分的 $Mg_{77}Cu_{18}Y_5$ 分解成了 14H-LPSO+Mg_2Cu 的两相区，二者的平衡电位差使得 LPSO 相发生了电偶腐蚀溶解。

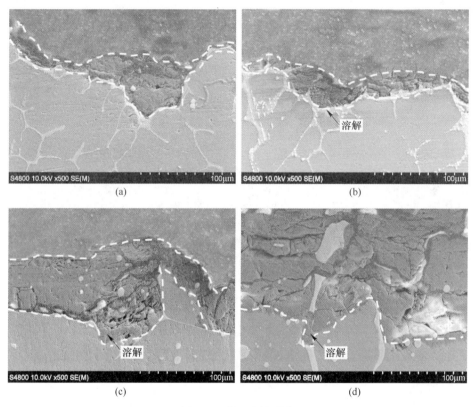

图 5.8　截面腐蚀形貌

（a）T4-400；（b）T4-430；（c）T4-460；（d）T4-500

图 5.9 所示为不同固溶温度处理 Mg-4Y-2Cu 合金表面去除腐蚀产物后的腐蚀形貌。经过 24h 浸泡腐蚀后，T4-400 样品（图 5.9（a））的腐蚀表面裸露出大量的连续网状第二相，其对 Cl⁻ 的渗透起到了有效的阻挡作用，但同时与 α-Mg 基体相形成的微电偶也加速了腐蚀向纵深方向扩展，最终留下腐蚀缝隙。与 T4-400 样品相比，T4-430 样品（图 5.9（b））表面存在纵深方向较深的腐蚀坑，且在坑内还观察到未溶解脱落的 α-Mg 颗粒。这一过程是由

于第二相的微电偶作用，腐蚀会沿着 α-Mg/第二相的轮廓在晶界处扩展，最终使得晶粒内部的 α-Mg 基体相脱落溶解。T4-460 和 T4-500 样品（图 5.9 (c)（d)）的腐蚀形貌中，固溶温度的升高使得阴极第二相的数量显著下降，分布在晶界和晶粒内部的 $Mg_{77}Cu_{18}Y_5$ 相与 α-Mg 基体间形成的微电偶加速效果有限，限制了腐蚀的蔓延。因此，样品中 α-Mg 基体溶解难度增大。

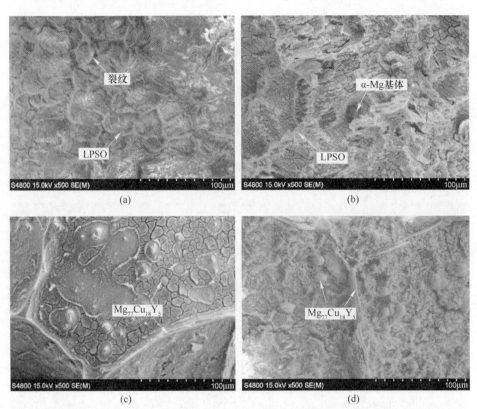

图 5.9　去腐蚀产物后的腐蚀形貌

(a) T4-400；(b) T4-430；(c) T4-460；(d) T4-500

5.3.4　SPM 分析表征

图 5.10 所示为低温固溶处理后 Mg-4Y-2Cu 合金中第二相与 α-Mg 基体之间局部电势分布。与铸态合金相比，固溶处理使得第二相重溶到基体中，四种合金的基体电势升高。这是由于 Y 原子的固溶导致基体的平衡电位升高，减弱了非电化学腐蚀的倾向性。T4-400 合金中 LPSO 相与 α-Mg 基体的电位差降为 385mV，当固溶温度升高至 430℃，α-Mg 基体的电势也进一步升高，

其与 LPSO 相的电位差比 T4-400 合金有所下降，为 349mV。此外，还发现 LPSO 相与 Mg_2Cu 相电势之间存在 59mV 的差值，这也说明第二相之间同样会形成微电偶腐蚀，加速了第二相的溶解和脱落。

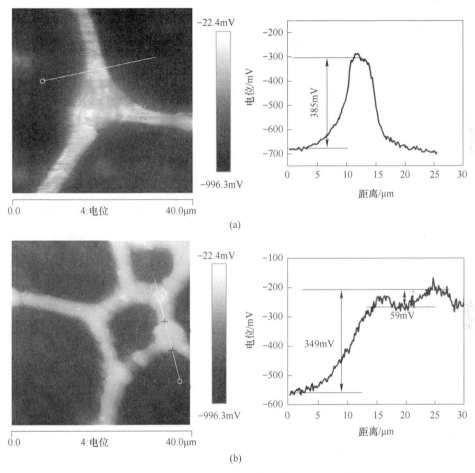

图 5.10 第二相与 α-Mg 基体电位差的 SPM 结果

（a）T4-400；（b）T4-430

图 5.11 所示为高温固溶处理后 Mg-4Y-2Cu 合金中第二相与 α-Mg 基体之间的局部电势分布。对于 T4-460 和 T4-500 合金，新形成的 $Mg_{77}Cu_{18}Y_5$ 相与 α-Mg 基体的电位差超过了 520mV 以上，二者之间高的电位差使得电偶加速作用显著。但是由于高的固溶温度使得高固溶度的 Y 原子大量固溶到了镁基体中，$Mg_{77}Cu_{18}Y_5$ 相形成的数量减少，电偶加速效果有限，故由析氢和电化学测试结果，合金的腐蚀降解速率减缓。

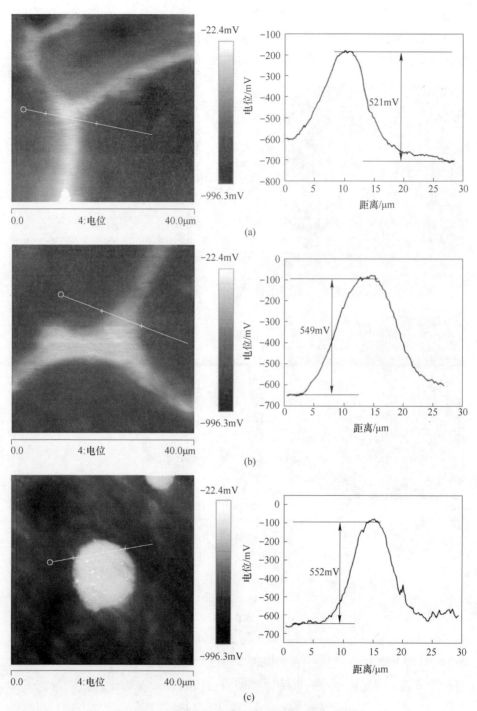

图 5.11　第二相与 α-Mg 基体电位差的 SPM 结果

(a) T4-460；(b)（c) T4-500

5.3.5　腐蚀机理分析

Mg-4Y-2Cu 合金腐蚀降解速率与其在固溶热处理过程中内部微观组织的演变紧密相关。随着固溶温度升高，合金的晶粒大小、阴极第二相溶解及分布、新相的析出及长大等对合金腐蚀降解速率起重要影响。首先，随着固溶温度升高，合金的晶粒逐渐长大，特别是温度达到460℃以上，晶粒尺寸明显增大；晶粒长大，晶界面积减少，导致体系自由能降低，从而可以提高材料的耐腐蚀性能[10]。其次，合金中原来含有的阴极第二相也会在固溶过程中部分溶解，剩余相的分布状态会发生改变。例如从铸态400℃连续的网状分布的第二相，演变为430℃的不连续分布的第二相，从而导致合金的耐蚀性降低。最后，如前所述，由于 Cu 在 Mg 中的极低溶解度，合金中第二相始终没有完全固溶到基体，到460℃以上又转变为新结构（$Mg_{77}Cu_{18}Y_5$）。在460℃时，他们呈均匀细小的颗粒弥散分布于基体中，从组织结构（图5.1）明显可见，460℃时合金中的第二相所占面积明显低于较低固溶温度处理的样品，而且合金的晶粒尺寸也显著增大，因此，460℃固溶处理合金的腐蚀性能明显高于前面两个合金的；500℃时，在自由能降低的驱动下，新结构相聚集长大呈球状分布，同时晶粒尺寸继续增大、晶界面积减少，导致合金的耐腐蚀性能进一步增加。

由腐蚀测试结果可以看到，T4-400 和 T4-430 样品的腐蚀降解非常快，这会导致合金表面会析出大量的氢气从而破坏腐蚀产物层的致密性，此外腐蚀速率的不同也导致合金表面存在应力差异。因此，合金表面的腐蚀产物难以快速沉积形成，对合金的腐蚀保护微弱（图5.8（a）（b））。而对于 T4-460 和 T4-500 样品，较缓慢的腐蚀速率使得氢致开裂和表面应力差异对腐蚀产物层的作用减弱[11]，尽管腐蚀产物层中存在大量的裂纹，为 Cl⁻ 的渗透提供通道，但在大部分区域仍然起到阻碍作用，从而导致合金的耐腐蚀性能得到提升。

由金相和 SEM 观察（图5.1 和图5.2）结果可以看出，固溶温度的升高使得杂质和化合物扩散分布到晶界上，组织变得更加均匀[12]。但合金晶粒也有显著粗化的趋势，晶界减少。目前在镁合金腐蚀行为中，晶界对合金腐蚀降解的影响仍然具有两面性：（1）溶质、化合物及杂质缺陷富集在晶格畸变能较高的晶界处，加速相邻 α-Mg 基体的溶解反应；（2）高于基体的电位差也使得晶界可以作为抑制腐蚀蔓延的物理壁垒。从图5.4 的极化测试曲线中可以看出，四种固溶处理的合金均不具有钝化行为，即晶界与基体的晶间腐蚀作用要远胜于晶界所起的壁垒抑制作用。因此，晶界较多的 T4-430 和 T4-400 合金的腐蚀降解速率高于 T4-460 和 T4-500 合金。

　　根据以上分析讨论，图 5.12 绘制了固溶处理 Mg-4Y-2Cu 合金的腐蚀机理示意图。第二相在合金的腐蚀过程中通常扮演着双重角色。一方面阴极第二相常与 α-Mg 基体形成腐蚀微电偶对，加速 α-Mg 基体的溶解反应；另一方面在第二相数量较多时，借助其自身比 α-Mg 基体更高的平衡电位，作为物理壁垒抑制腐蚀蔓延，提高合金的耐腐蚀性。对于固溶温度较低的 T4-400 和 T4-430 合金，SPM 测得 Mg$_2$Cu/LPSO/α-Mg 三相依次存在电位差，电偶腐蚀优先沿着第二相与基体的轮廓横向蔓延。在合金表面 α-Mg 全部溶解后，裸露出的 Mg$_2$Cu 和 LPSO 相间的电位差也会促使低电位的 LPSO 相优先溶解脱落。对于 T4-400 合金，较小尺寸的 Mg$_2$Cu 相在失去支撑后脱落消失，裸露出未溶解的 LPSO 相，起到较短时间的阻碍作用（图 5.12（a））；而 T4-430 合金中较大尺寸的 Mg$_2$Cu 相脱落会使 LPSO 相断裂缺失，所留下的空位为电解液渗透留下了通道，LPSO 相的壁垒保护作用失效，电解液可以直接渗透溶解内部的 α-Mg 基体（图 5.12（b））。因此，T4-430 合金比 T4-400 合金具有更快的腐蚀降解速率。之后温度继续升高，合金在 460℃ T4 处理后，形成的 Mg$_{77}$Cu$_{18}$Y$_5$ 相大多分布在晶界处，而少数在晶粒内部析出，虽然与基体电位差超过了 500mV，但是由于数量较少，电偶加速作用有限。因此，合金的耐腐蚀性能仍然得到改善。而对于 T4-500 合金，由于 Cu 在 Mg 中的溶解度极低，

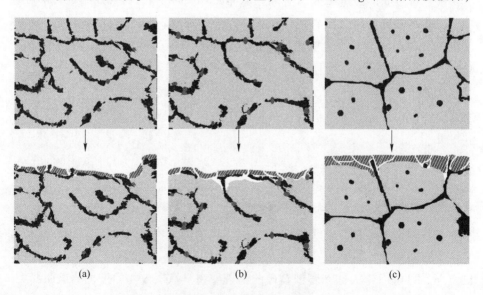

(a)　　　　　　　　　　(b)　　　　　　　　　　(c)

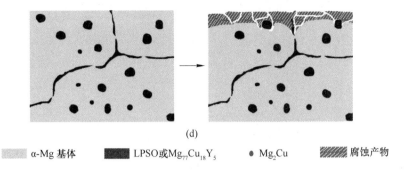

(d)

■ α-Mg 基体　　■ LPSO或Mg₇₇Cu₁₈Y₅　　● Mg₂Cu　　▨ 腐蚀产物

图 5.12　固溶处理 Mg-4Y-2Cu 合金的腐蚀原理图

(a) T4-400；(b) T4-430；(c) T4-460；(d) T4-500

其形成的 $Mg_{77}Cu_{18}Y_5$ 相与 T4-460 合金中 $Mg_{77}Cu_{18}Y_5$ 相的数量相似（图 5.12 (c) (d)）。但是高的固溶温度使得该相更多地在晶粒内部的球状 $Mg_{77}Cu_{18}Y_5$ 相聚集长大，而晶界上的 $Mg_{77}Cu_{18}Y_5$ 相减少。球状分布抑制了合金的电偶腐蚀扩展，导致合金的耐腐蚀性能进一步增加。

5.4　固溶处理 Mg-4Y-2Cu 合金的力学性能

5.4.1　拉伸应力-应变曲线

图 5.13 所示为不同固溶处理后 Mg-4Y-2Cu 合金的应力-应变曲线，表 5.4 为各力学参数具体数值。较低温度固溶处理后 T4-400 合金的拉伸屈服强度、极限抗拉强度及伸长率分别为 82MPa、176MPa、14.8%。而固溶温度升高到 430℃后，合金的屈服强度和伸长率也会有所提升，其值为 85MPa 和 15.4%。T4-460 和 T4-500 合金，由于其固溶温度较高，导致两种合金的综合拉伸性能整体下降。这可能是由于高温导致晶粒尺寸长大，总体的晶界区域减少，致使晶界对位错的阻碍作用减弱导致。

表 5.4　固溶处理 Mg-4Y-2Cu 合金力学性能参数

合金	YS/MPa	TYS/MPa	EL/%
T4-400	82	175	14.8
T4-430	85	176	15.4
T4-460	56	132	9.4
T4-500	62	126	6.9

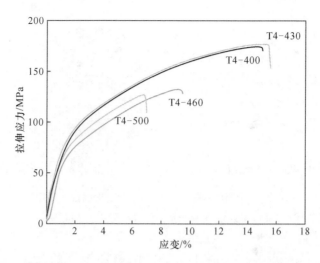

图 5.13　固溶处理 Mg-4Y-2Cu 合金的应力–应变曲线

5.4.2　断口分析

图 5.14 所示为四种合金室温拉伸后的断口 SEM 形貌。从图中可以看到，T4-400 样品的断口主要由解理面、解理台阶以及少量的浅韧窝组成。经430℃固溶处理后，韧窝数量有所增加，说明其塑性有所增加，二者均呈现解理与准解理的混合特征。T4-460 和 T4-500 样品的断口主要由大的解理面组成，可以看到明显的河流花样，其上还有许多球状的第二相分布，证明第二相与基体的界面为断裂的萌生位点。此外，在 T4-500 样品的三晶粒交界处可以看到留下的晶间裂缝。两种样品的断裂方式为塑性断裂。

由前所述的微观组织中可以看出，固溶温度的升高对晶粒尺寸的粗化程

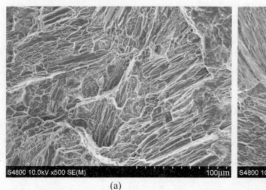

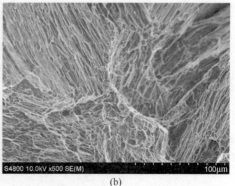

(a)　　　　　　　　　　　　　　　　　(b)

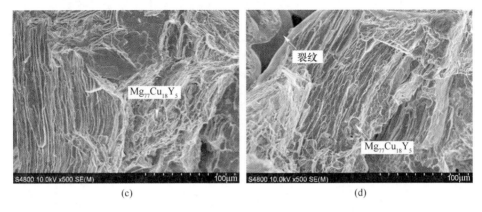

(c) (d)

图 5.14 固溶处理 Mg-4Y-2Cu 合金的断口 SEM 形貌

(a) T4-400；(b) T4-430；(c) T4-460；(d) T4-500

度影响非常显著。对于晶粒尺寸粗化不明显的 T4-400 和 T4-430 试样，由于固溶处理消除了铸造过程产生的缺陷，成分偏析现象也得到部分消除，此外部分溶质原子也会溶入镁基体，较大的原子半径差会导致晶格畸变，增多合金中的缺陷，从而使得合金的抗拉强度得到提高[13, 14]。而对于晶粒长大严重的 T4-460 和 T4-500 试样，极少的 $Mg_{77}Cu_{18}Y_5$ 相分布在晶界和晶粒内部，其晶界承受位错塞积的能力以及晶粒内部第二相的"钉扎"作用均减弱，在较低强度下就容易产生裂纹释放应力集中，导致断裂。

5.5 小结

（1）固溶处理温度影响微观组织结构变化。随着固溶温度的升高，四种合金的晶粒尺寸会出现不同程度的粗化。此外，沿着晶界分布的第二相，最终在固溶温度超过 460℃后，也会从 T4-400 和 T4-430 合金中的 LPSO 相和 Mg_2Cu 相转变为亚稳态的 $Mg_{77}Cu_{18}Y_5$ 相。

（2）固溶温度的升高改善了 Mg-Y-Cu 合金的腐蚀行为。T4-400 合金中连续分布的 LPSO+Mg_2Cu 相既起到了壁垒保护作用，又加速了合金的腐蚀降解速率。而 T4-430 合金由于球状的 Mg_2Cu 相尺寸较大，故在电偶作用加速了相邻的 LPSO 相溶解，失去支撑后为 Cl⁻ 的渗透腐蚀提供通道，加速内部基体的溶解，使得 LPSO 的壁垒保护作用失效。因此与 T4-400 合金相比，T4-430 合金腐蚀降解速率加快。T4-460 和 T4-500 合金由于较高的固溶温度，使得晶粒长大，晶界和晶粒内部的 $Mg_{77}Cu_{18}Y_5$ 相较少，合金中阴阳极的数量减少，腐蚀降解速率减缓。故四种温度下固溶合金的腐蚀降解速率依次为：T4-430>T4-400>T4-460>T4-500。

（3）由于第二相部分 Y 原子溶解到镁基体内，起到固溶强化作用。低温固溶处理的 T4-400 和 T4-430 合金的极限抗拉强度分别提高到了 175MPa 和 176MPa，而塑性变化不明显。高温固溶造成了 T4-460 和 T4-500 合金的晶粒异常粗化，故二者试样的力学性能显著降低。

参 考 文 献

[1] 陈振华, 严红革, 陈吉华, 等. 镁合金 [M]. 北京: 化学工业出版社, 2004.

[2] Agnew S R. Plastic anisotropy of magnesium alloy AZ31B sheet [M]. Charlottesville: Essential Readings in Magnesium Technology, 2002: 351~356.

[3] 胡赓祥, 蔡珣, 戎咏华. 材料科学基础 [M]. 3 版. 上海: 上海交通大学出版社, 2010: 5.

[4] Chen R R, Ding X, Chen X Y, et al. In-situ hydrogen-induced evolution and de-/hydrogenation behaviors of the $Mg_{93}Cu_{7-x}Y_x$ alloys with equalized LPSO and eutectic structure [J]. International Journal of Hydrogen Energy, 2019, 44: 21999~22010.

[5] Jiang M, Su H X, Ren Y P, et al. The phase equilibria and thermal stability of the long-period stacking ordered phase in the Mg-Cu-Y system [J]. Journal of Alloys and Compounds, 2014, 593: 141~147.

[6] 刘祚时, 谢旭红. 镁合金在汽车工业中的开发和应用 [J]. 轻金属, 1999 (1): 55.

[7] Allen J Bard, Larry R Faulkner. Electrochemical Methods: Fundamentals and Applications [M]. 2nd ed, New York: Wiley, 2001.

[8] 伍莎. 生物镁合金腐蚀降解行为研究 [D]. 重庆: 重庆大学, 2008.

[9] 曹楚楠, 张鉴清. 电化学阻抗谱导论 [M]. 北京: 科学出版社, 2002.

[10] Liu Jing, Yang Lixin, Zhang Chunyan, et al. Role of the LPSO structure in the improvement of corrosion resistance of Mg-Gd-Zn-Zr alloys [J]. Journal of Alloys and Compounds, 2019, 782: 648~658.

[11] 王震. 铸造 AZ91 镁合金应力腐蚀性能研究 [D]. 吉林: 吉林大学, 2018.

[12] 韩少兵. 心血管支架用可降解 Mg-Y-Zn-Zr 合金组织及性能研究 [D]. 太原: 太原

理工大学，2017.

[13] 蔡彦岑 . 高 Ca 含量对 Mg-Zn-Nd 合金组织结构和力学性能的影响［D］. 太原：太原
科技大学，2016.

[14] 申广鑫 . Mg-4Y-1Ca-xZn（$x=0$、1%、3%、5%，质量分数）合金不同工艺状态的
微观组织和力学性能［D］. 太原：太原科技大学，2019.

6 Mg-xAl-2Cu 合金的组织结构和性能

6.1 引言

为充分发挥镁合金超低自腐蚀电位优势，本章进一步研究对不同 Al 含量的 Mg-Al 合金通过添加一定含量的 Cu 使合金的腐蚀速率进一步加快且可控。

Al 是镁合金中常见的合金元素。Al 与 Mg 能形成有限固溶体，在共晶温度下的饱和溶解度为 12.7%；在提高合金强度和硬度的同时，也能拓宽凝固区改善铸造性能。由于溶解度随温度下降而显著减小，所以 Mg-Al 合金可以进行热处理。含 Al 量过高时，合金的应力腐蚀倾向加剧、脆性提高。

Cu 是典型的"杂质"元素[1~3]，本章向 Mg-Al 合金中加入 2% 的 Cu，旨在加速材料的腐蚀速率；加入不同含量的 Al，在 Mg 合金中形成不同比例的第二相 β-Mg$_{17}$Al$_{12}$，β 相适量对 Mg 合金的耐腐蚀性有一定积极影响[4, 5]，旨在控制其腐蚀速率。

因此，本章设计制备了 Mg-2Cu、Mg-3Al-2Cu、Mg-5Al-2Cu 和 Mg-9Al-2Cu 四种合金，研究的目的是探索通过化学成分调节，制备腐蚀速率可控的、特定应用领域的低成本 Mg 合金。

6.2 Mg-Al-Cu 合金的微观结构演变

6.2.1 XRD 分析

图 6.1 所示为铸造 Mg-xAl-2Cu 合金的 XRD 图谱。从图中可见，在 Mg-2Cu 合金中除了 α-Mg 基体之外，还含有 Mg$_2$Cu 中间相。加入不同量的 Al 之后，合金中不再含有 Mg$_2$Cu 中间相，除了 α-Mg 基体之外，还形成了 β-Mg$_{17}$Al$_{12}$ 和 MgAlCu 两种化合物相。

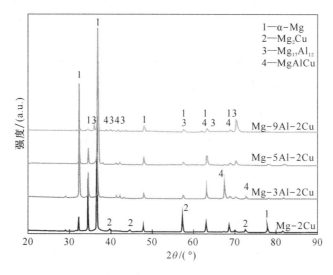

图 6.1 铸造 Mg-*x*Al-2Cu 合金的 XRD 图谱

6.2.2 金相组织

图 6.2 所示为 Mg-*x*Al-2Cu（*x*=0，3，5，9）合金不同放大倍数的金相组织结构。从图 6.2（a）和（b）可以看出，在 Mg-2Cu 合金中，除了白色的 α-Mg 基体以外，深色不连续网状的第二相分布在其晶界上，晶界的宽度较均匀。还有少量粒状的第二相分布在 α-Mg 基体晶内。结合 XRD 结果可以判定这些中间相是 Mg$_2$Cu。另外，根据 Mg-Cu 二元合金相图可知，Cu 在 Mg 中的溶解度很小，在 485℃下最大溶解度仅有 0.013%[6]。未固溶的 Cu 和 Mg 结合形成 Mg$_2$Cu 中间相，由于加入 2%的 Cu 元素，含量相对较低，因此它们形成的第二相大部分以不连续的网状在内能较高的晶界位置析出，粒状第二相在晶内析出可能是因为这些位置含有微小缺陷导致的。

如图 6.2（c）和（d）所示，当在 Mg-2Cu 合金中加入 3%的 Al 之后，组织明显呈现出树枝状，晶界明显变宽，中间相更加连续。如图 6.2（d）所示，增加放大倍数后，发现晶界上形成两种中间相，颜色较深的相大部分嵌在颜色较浅的相中，也有部分在晶界位置出现，而且浅色中间相呈现凸起现象。根据 XRD 结果可知，浅色和深色的中间相分别是 Mg$_{17}$Al$_{12}$ 和 MgAlCu。如

图 6.2（e）和（f）所示，当 Mg-2Cu 合金中 Al 含量增加到 5%之后，组织趋于等轴状形态，中间相的连续性进一步增加。放大倍数下观察发现深色的 MgAlCu 中间相有所增多，而浅色的 $Mg_{17}Al_{12}$ 相减少。如图 6.2（g）和（h）所示，当 Mg-2Cu 合金中 Al 含量增加到 9%之后，中间相的析出位置更加随机，导致 α-Mg 基体晶粒细化。

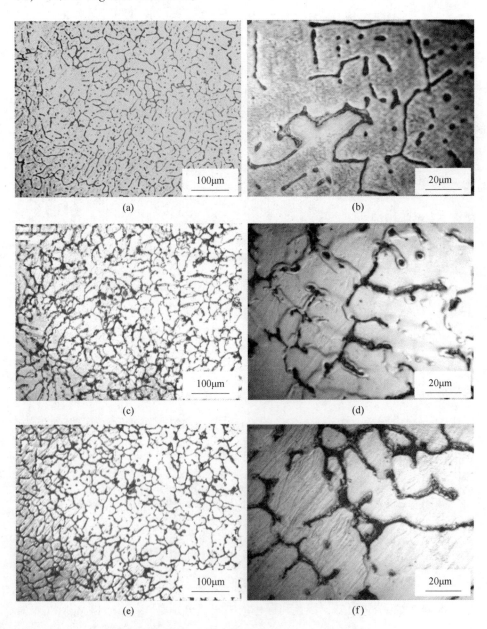

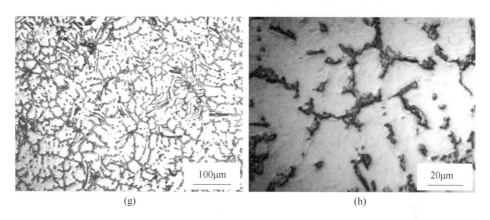

图 6.2　铸造 Mg-xAl-2Cu 合金的金相组织

(a)（b）Mg-2Cu；（c）（d）Mg-3Al-2Cu；（e）（f）Mg-5Al-2Cu；（g）（h）Mg-9Al-2Cu

6.2.3　SEM 组织观察与 EDS 分析

图 6.3 所示为铸造 Mg-2Cu 合金的 SEM 组织观察及 EDS 成分分析。如图 6.3（a）和（b）所示，Mg-2Cu 合金中 Mg$_2$Cu 中间相呈白亮色，而 α-Mg 基

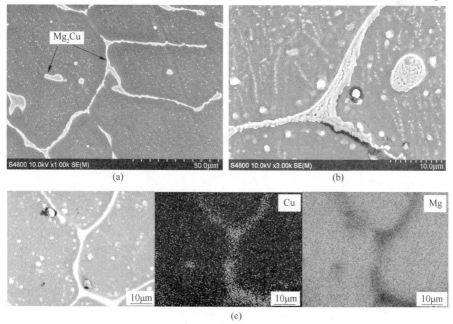

图 6.3　Mg-2Cu 合金样品的 SEM 组织形貌及 EDS 面扫描

（a）（b）SEM 组织形貌；（c）EDS 面扫描

体呈暗黑色，而且可以清楚观察到 α-Mg 基体中分布着细小的白亮 Mg_2Cu 颗粒物，这些颗粒物可以对材料强度的提高及腐蚀速率提高有一定益处。晶界上细长中间相和较大粒状中间相，在较高倍数下观察发现并不致密。如图 6.3 (c) 所示，可见白亮的中间相中主要含有 Cu 元素，再一次表明这些晶界上析出的中间相是 Mg_2Cu。

图 6.4 所示为在 Mg-2Cu 合金中加入不同 Al 后铸态合金的 SEM 组织形貌。加入 Al 之后，合金中形成了 $Mg_{17}Al_{12}$ 相，如图 6.4 中箭头所示。当 Al 含量较低时，$Mg_{17}Al_{12}$ 相呈孤岛状分布在基体上（图 6.4 (a)），$Mg_{17}Al_{12}$ 相随着 Al 含量而增加，在 Mg-9Al-2Cu 合金中出现了片状 $Mg_{17}Al_{12}$ 相；同时，合金中也形成 MgAlCu 相，含 Al 量低的合金中该相呈条状，在晶界处与 α-Mg 相呈现层片状的相间形貌特征。当合金的成分为 Mg-9Al-2Cu 时，白色的第二相在合金中占据的体积分数有所增多，黑色的基体镁相数量减少，形成的 β 相仍然会在晶界处呈现骨骼状分布，而由于 Cu 的含量与 Al 相差较大，故形成的 Mg_2Cu 相已经不能单独体现，会和部分的 β 相混合共存。

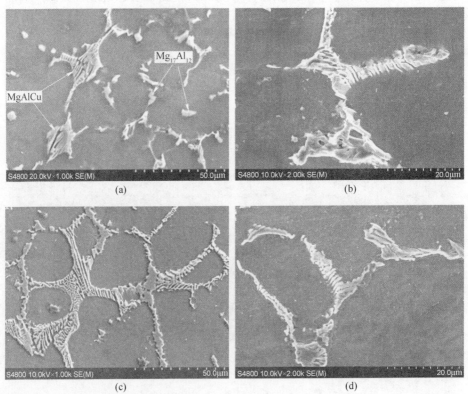

(a)　　　　　　　　　　　　(b)

(c)　　　　　　　　　　　　(d)

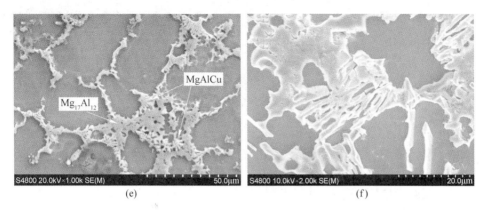

图 6.4 铸造 Mg-xAl-2Cu 合金的 SEM 组织形貌

(a)(b) Mg-3Al-2Cu;(c)(d) Mg-5Al-2Cu;(e)(f) Mg-9Al-2Cu

图 6.5 所示为 Mg-9Al-2Cu 合金的 EDS 成分面扫描图像。由图 6.5(a)可见，有两种颜色和形态的中间相，如图中白色箭头所指位置，颜色相对较暗，而且相对致密，含有较高的 Al 元素（图 6.5(c)），而几乎不含 Cu（图

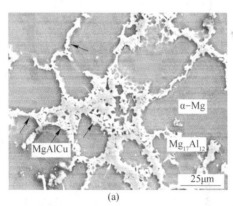

(a)

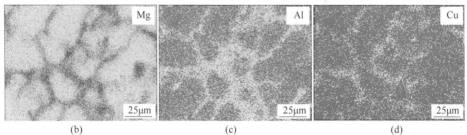

(b)　　　　　　　　　(c)　　　　　　　　　(d)

图 6.5 铸造 Mg-9Al-2Cu 合金的 EDS 面扫描

(a) SEM 形貌;(b) Mg 元素分布;(c) Al 元素分布;(d) Cu 元素分布

6.5（d）），表明这是 β-$Mg_{17}Al_{12}$ 相；而图 6.5（a）中黑色箭头位置呈白亮色，含有较高的 Cu，同时也含有 Al，表明这是 AlCuMg 相。

XRD 结果（图 6.1）和 SEM 组织形貌及 EDS 成分分析结果（图 6.3～图 6.5）都表明，由于 Cu 在 Mg 中的固溶度较低，会形成 Mg_2Cu 中间化合物，而且是唯一的析出相。当在 Mg-2Cu 合金中添加 Al 之后，首先会形成 β-$Mg_{17}Al_{12}$ 相，而由于 Mg_2Cu 相的形成能高于 MgAlCu 相的形成能，因此 Mg-xAl-2Cu 合金中不会形成 Mg_2Cu 相，取而代之的是 MgAlCu 相。

6.3　Mg-Al-Cu 合金的力学性能

6.3.1　拉伸应力-应变曲线

图 6.6 所示为四种铸造 Mg-xAl-2Cu 合金室温下的应力-应变曲线。由图可见，Mg-2Cu 合金的力学性能最差，抗拉强度为 107MPa，伸长率为 8.7%。随着添加的 Al 含量增加，合金的强度和伸长率都有所提高，Mg-5Al-2Cu 合金的综合力学性能最好，抗拉强度和伸长率都达到最高值，抗拉强度接近 130MPa，伸长率达到 14.4%。当 Al 含量增大到 9% 时，合金的强度和伸长率反而呈现降低趋势。

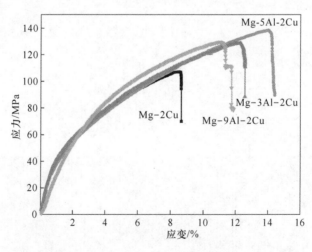

图 6.6　铸造 Mg-xAl-2Cu 合金室温下的应力-应变曲线

6.3.2　断口分析

图 6.7 所示为四个铸造样品的典型断裂断口形貌。由图可见，在 Mg-2Cu

和 Mg-3Al-2Cu 合金的断口表面呈现出非常明显的撕裂棱线，而且呈直线状、平行的撕裂棱线都是成排出现，特别是 Mg-2Cu 合金断裂表面断裂台阶更高，表面塑性更差。Mg-5Al-2Cu 合金的断口也出现了一定比例的撕裂棱线，但是相对前两种合金的平直撕裂棱线，该合金的撕裂棱线都呈现不规则的曲线状，而且还观察到一定比例的韧窝出现，表明该合金的塑韧性相对较好。当 Al 含量增加到 9% 时，Mg-9Al-2Cu 合金的断口呈现出较为平整的状态，而且出现密度较高的二次裂纹，这都说明该合金的脆性较大。

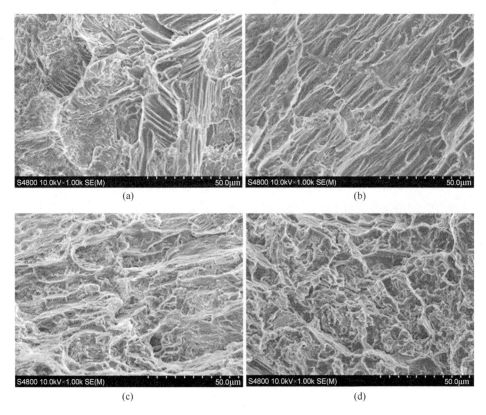

图 6.7　四种铸造 Mg-xAl-2Cu 合金拉伸样品断口 SEM 形貌
（a）Mg-2Cu；（b）Mg-3Al-2Cu；（c）Mg-5Al-2Cu；（d）Mg-9Al-2Cu

在 Mg-2Cu 合金中，Mg$_2$Cu 是合金中唯一中间相。如图 6.3 所示，合金中除了分布在晶粒内部的细小颗粒状 Mg$_2$Cu 相，大部分都呈薄膜状分布在晶界上，由于 Mg 和 Cu 有较大的电负性差异，因此 Mg$_2$Cu 相中除了金属键结合之外，会拥有明显的离子化倾向，导致其失去金属特性，呈现较大脆性，因此该合金的塑性最差。当加入 Al 之后，合金中不再含有 Mg$_2$Cu 相，而是形成

β-Mg₁₇Al₁₂ 和 MgAlCu 两种相。这两个相并没有呈薄膜状分布在晶界上，因此加入 Al 之后合金的塑性有所改善，而且强度也相应提高。

6.4　Mg-Al-Cu 合金腐蚀行为及机制

6.4.1　析氢腐蚀行为

图 6.8 所示为铸造 Mg-xAl-2Cu 合金在 3.5%NaCl 溶液中浸泡 72h 的析氢率和浸泡时间之间的关系曲线。如前文所述，在镁合金浸泡腐蚀实验中，每析出 1mL 氢气，对应于 1mg 镁合金的溶解[7~9]。从曲线上可以看到四种合金都是随着浸泡时间的延长析氢量逐渐增多。众所周知，Fe、Cu、Ni 等在镁合金中是杂质元素[1]，由于原电池效应，它们的存在可以降低 Mg 的腐蚀性能[2]。本实验中 Mg-2Cu 二元合金的析氢量最大，表明此合金的腐蚀速率最快。实验进行到 10h 时，每平方厘米析出了 127mL 氢气，实验结束时（72h），每平方厘米析出超过了 1440mL 氢气，在 Mg-2Cu 中添加 Al 后，可以显著降低合金的腐蚀速率。从实验结果可见，在实验的 3h 以内，添加 Al 的三种合金的析氢量几乎没有差别（图 6.8），都远低于未加 Al 的 Mg-2Cu 合金。前 10h，Mg-3Al-2Cu 和 Mg-5Al-2Cu 的析氢量差别不大（图 6.8），表明实验前期两种合金在 3.5%NaCl 溶液中的腐蚀速率几乎相等。当添加 9% Al，形成的 Mg-9Al-2Cu 合金的析氢量从始至终都最少，可见本实验的总体趋势是随着加入 Al 含量的增加，合金的耐腐蚀性能也呈增加趋势。这可能与

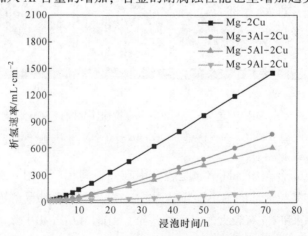

图 6.8　铸造 Mg-xAl-2Cu 合金在 3.5%NaCl 溶液中浸泡 72h 的
析氢率和浸泡时间之间的关系曲线

合金中形成的 $Mg_{17}Al_{12}$ 相有关，因为在合金中形成连续的网状 $Mg_{17}Al_{12}$ 相可以产生屏蔽效应。但是，Mg-9Al-2Cu 合金的耐蚀性能与商用的 AZ91D 的相差较大[10]，主要是因为 Mg-9Al-2Cu 合金中含有较高的 Cu，已经远远超过了合金中对 Cu 的容忍极限，形成了微电池效应导致的。通过析氢腐蚀速率曲线可以得出：$v(Mg-2Cu) > v(Mg-3Al-2Cu) > v(Mg-5Al-2Cu) > v(Mg-9Al-2Cu)$。

6.4.2　腐蚀形貌

在 Mg-2Cu 合金中添加不同 Al 之后能有效控制材料的腐蚀速率，即四种合金的耐腐蚀性能有明显的差异，因此为了研究它们的腐蚀机理，选择在 3.5%NaCl 溶液中浸泡不同时长的样品进行表面和截面腐蚀形貌观察分析。图 6.9 所示为铸造 Mg-xAl-2Cu 合金在 3.5%NaCl 溶液中浸泡不同时长后表面的 SEM 形貌。由图可见，所有样品表面都沉积了腐蚀产物，呈现出泥状裂纹的特征。Mg-2Cu 合金在 3.5%NaCl 溶液中浸泡 2h 后表面完全被腐蚀，表面大部分位置沉积了团状腐蚀产物（图 6.9（a））。加入 Al 后合金的腐蚀速率明显降低，浸泡的前 3h 产生少量的氢气，表面腐蚀产物也较少。加入较少量 Al 的合金 Mg-3Al-2Cu 和合金 Mg-5Al-2Cu 浸泡 4h 后，出现了明显表面腐蚀。如图 6.9（b）和（c）所示，与合金 Mg-2Cu 相比合金 Mg-3Al-2Cu 和合金 Mg-5Al-2Cu 表面的腐蚀产物更加致密，但是在合金 Mg-5Al-2Cu 表面局部位置形成极细针状的腐蚀产物，这是 Mg-Al 系合金中常见的腐蚀产物形态[11]。加入更多 Al 形成的 Mg-9Al-2Cu 合金的耐腐蚀性进一步加强，短时间浸泡几乎不被腐蚀。如图 6.9（d）所示是其浸泡 13h 后的表面形貌，可见表面产生了更密集的细针状的腐蚀产物。

(a)　　　　　　　　　　　　　　　(b)

图 6.9　铸造 Mg-xAl-2Cu 合金在 3.5%NaCl 溶液中浸泡不同时长后表面 SEM 形貌
(a) Mg-2Cu 合金浸泡 2h；(b) Mg-3Al-2Cu 合金浸泡 4h；(c) Mg-5Al-2Cu 合金浸泡 4h；
(d) Mg-9Al-2Cu 合金浸泡 13h

图 6.10 所示为图 6.9 (d) 中表面腐蚀产物的 EDS 分析结果。由图可见，表面腐蚀产物中主要含有 O 和 Mg 两种元素，根据以前的研究结果表明，这些产物都是 MgO 和 Mg(OH)$_2$ 的混合物；另外还含有少量的 Al 和 Cu，或者可能是测试时检测到基材的成分所致。

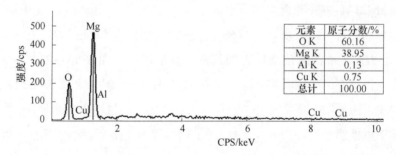

元素	原子分数/%
O K	60.16
Mg K	38.95
Al K	0.13
Cu K	0.75
总计	100.00

图 6.10　铸造 Mg-9Al-2Cu 合金在 3.5%NaCl 溶液中浸泡 13h 后表面腐蚀产物的 EDS 分析

图 6.11 所示为四种铸造 Mg-xAl-2Cu 合金在 3.5%NaCl 溶液中浸泡不同时间后的 SEM 截面形貌。由图可以看到，合金基材均遭受到不同程度的腐蚀，表面保存了不同厚度的腐蚀产物。

图 6.11 (a) 和 (b) 所示为 Mg-2Cu 合金的腐蚀截面。由图可见，由于 α-Mg 基材中也有细小颗粒状的 Mg$_2$Cu 相析出，Mg$_2$Cu 相的电极电位高于镁基体，在微电池效应下，作为阳极的 α-Mg 会优先被溶解，腐蚀首先在 α-Mg 基材中快速进行，生成疏松的层状腐蚀产物，难以在基材表面积存（图 6.11 (a)）。实验过程中发现大量的腐蚀产物都从样品表面脱落，残留在浸泡溶液的底部。

晶界上连续的 Mg_2Cu 相对镁基材的腐蚀有一定的阻碍作用，阻碍溶液快速渗透腐蚀，但是晶界上连续的 Mg_2Cu 相一旦有不连续的位置，Mg_2Cu 相两侧的基材便会快速腐蚀，将 Mg_2Cu 相蚕食在腐蚀产物中（图 6.11（b））。当 Mg_2Cu 相周围的腐蚀产物脱落溶解后，没有周围支撑作用的 Mg_2Cu 相就会发生断裂溶解。

而随着 Al 元素的加入，合金中形成了 $Mg_{17}Al_{12}$ 相和 MgAlCu 相，α-Mg 基材也变得"干净"。图 6.11（c）和（d）所示分别为 Mg-3Al-2Cu 和 Mg-5Al-2Cu 合金的腐蚀截面形貌。由图可见，由于基材和中间相之间的电位差作用，腐蚀依然首先从 α-Mg 基材进行。但是，由于 α-Mg 基材中溶解了较高含量的 Al，故提高了 α-Mg 基材自身的腐蚀电位，缩小了中间相和基体的电位差，降低了腐蚀速率；另外，在基体遭受腐蚀后，基体中溶解的 Al 会形成钝化膜，也能起到一定的保护合金的作用。

Mg-9Al-2Cu 合金中，除了 α-Mg 基材自身腐蚀电位提高以及形成腐蚀钝化膜之外，更重要的是，由于添加了更多含量的 Al，在合金中形成了更密集的 $Mg_{17}Al_{12}$ 相。如图 6.4 和图 6.11（e）（f）所示，几乎呈网状的 $Mg_{17}Al_{12}$ 相对 α-Mg 基材起到了很好的保护作用。

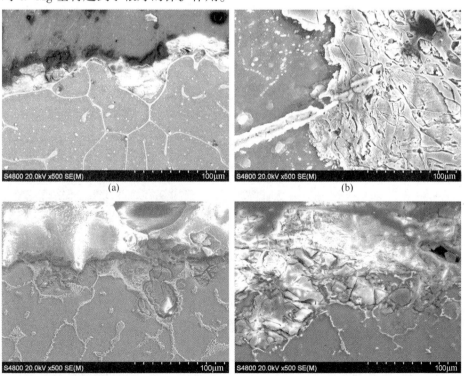

(a)　　　　　　　　　　　　　(b)

(c)　　　　　　　　　　　　　(d)

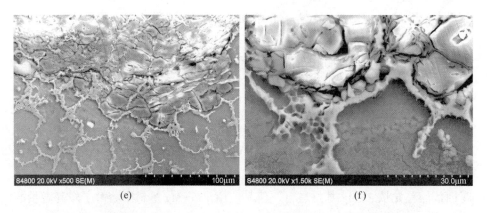

图 6.11　铸造 Mg-xAl-2Cu 合金在 3.5%NaCl 溶液中浸泡后的 SEM 截面形貌

（a）（b）Mg-2Cu 合金浸泡 2h；（c）Mg-3Al-2Cu 合金浸泡 4h；（d）Mg-5Al-2Cu 合金浸泡 4h；

（e）（f）Mg-9Al-2Cu 合金浸泡 13h

图 6.12 所示为铸造 Mg-xAl-2Cu 合金在浸泡不同时长后，用 Cr_2O_3 和 $AgNO_3$ 溶液去除腐蚀产物后的 SEM 形貌。从之前含不同 Al 的 Mg-Al-Cu 合金的组织分析中可以知道，在图 6.12（a）中镁基体遭受到了严重的腐蚀，同时可以看到一些残余的细条状 Mg_2Cu 相的存在，而基体沟壑状的形貌则是由于在浸泡后试样脱水造成的。对于 Mg-3Al-2Cu 合金而言，随着 Al 的加入，第二相的数量急剧增多，改变了阴阳极的面积比，因此，第二相一方面形成微电偶加速腐蚀的进行；另一方面，它将会和腐蚀产物一起形成一层钝化膜，从而保护基体。当 Al 元素进一步增加，在 Mg-5Al-2Cu 合金第二相的面积也进一步增大，增多了微电偶的反应位点，从而使得合金的耐腐蚀性变差。而图 6.12（d）中给出的 Mg-9Al-2Cu 合金的第二相的分布急剧增大，其所覆

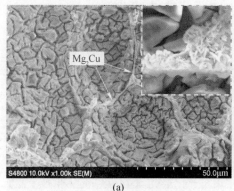

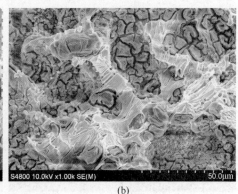

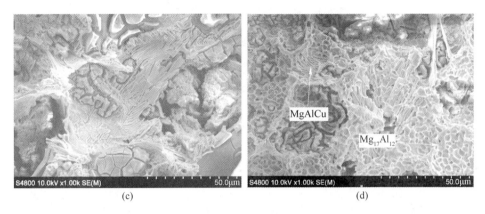

(c)　　　　　　　　　　　　　　　(d)

图 6.12　铸造 Mg-xAl-2Cu 合金在 3.5%NaCl 溶液中浸泡不同时长后去腐蚀
产物后的表面 SEM 形貌

（a）Mg-2Cu 合金浸泡 2h；（b）Mg-3Al-2Cu 合金浸泡 4h；（c）Mg-5Al-2Cu 合金浸泡 4h；

（d）Mg-9Al-2Cu 合金浸泡 13h

盖的区域增多，从而保护了内部基体免遭腐蚀；同时由于表面基体被腐蚀，因此裸露出来的第二相层片状的 MgAlCu 相和网状的 $Mg_{17}Al_{12}$ 相，相互联结分布在基体表面，提高合金的耐腐蚀性。

6.4.3　电化学腐蚀行为

图 6.13 所示为四种合金在 3.5%NaCl 溶液中的动电位极化曲线，表 6.1 为合金的拟合结果。一般认为，阴极极化曲线和阳极极化曲线分别代表通过水还原的析氢反应和 Mg 的溶解。从图中可以看到，Al 的加入明显降低了 Mg 的阴极极化电流。与不含 Al 的合金相比，合金 Mg-3Al-2Cu 和 Mg-5Al-2Cu 都表现出了与合金 Mg-2Cu 相似的阳极电流密度以及较低的阴极电流密度，说明 Al 的加入并没有改变阳极镁合金的溶解，而是抑制了阴极的析氢反应。由合金 Mg-9Al-2Cu 的阴极极化曲线与合金 Mg-3Al-2Cu 和 Mg-5Al-2Cu 重合，但阳极电流密度低于其他三种合金，说明 Al 元素的进一步增加并不能使阴极的析氢反应进一步得到抑制，也说明 Al 元素对于析氢反应的抑制作用与其含量无关。而阳极电流密度的下降，说明 Al 元素的大量加入阻碍了阳极 Mg 的溶解。结合表中给出的拟合结果可以看出，自腐蚀电流密度 I_{corr} 随着 Al 元素含量的增多逐渐减小，耐腐蚀性能得到提升，而腐蚀速率逐渐降低。

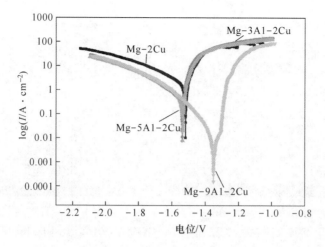

图 6.13　铸造 Mg-xAl-2Cu 合金在 3.5%NaCl 溶液中的动电位极化曲线

表 6.1　极化曲线的腐蚀电位及腐蚀电流密度

合金	E_{corr}/V	$I_{corr}/A \cdot cm^{-2}$
Mg-2Cu	−1.518	46.03×10⁻⁵
Mg-3Al-2Cu	−1.539	2.55×10⁻⁵
Mg-5Al-2Cu	−1.534	2.95×10⁻⁵
Mg-9Al-2Cu	−1.351	1.01×10⁻⁵

图 6.14 所示为四种铸态合金 Mg-xAl-2Cu 的 Nyquist 图，插图是 Mg-2Cu 合金的放大 Nyquist 图。由图可见，Mg-2Cu 合金包含了一段高频下的容抗弧

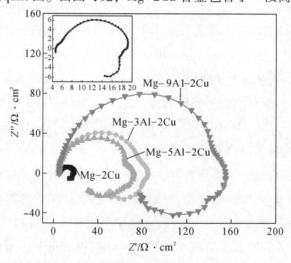

图 6.14　铸造 Mg-xAl-2Cu 合金在 3.5%NaCl 溶液中的 Nyquist 图

和低频下的感抗弧，而加入之后的三种合金的 Nyquist 图除了包括高频容抗弧和低频感抗弧外，还存在一段孔径较小的中频容抗弧。Mg-9Al-2Cu 合金的高频容抗弧显示出了比其他三种合金更大的直径，说明它具有最好的耐腐蚀性。含 Al 的三种合金中中频容抗弧的存在是由于 Al 的加入使得合金表面生成了一层保护膜，一定程度上对合金起保护作用。而四种合金中均存在低频感抗弧，则是由合金在电化学测试过程中局部腐蚀引起的。

6.5 小结

本章利用镁合金超低自腐蚀电位特点，通过添加 2%Cu 进一步降低镁合金的耐腐蚀能力，提高其速率。为了获得不同腐蚀性能的镁合金，在 Mg-2Cu 合金的基础上添加了不同含量的 Al 元素，使合金的腐蚀速率可控。通过 XRD、扫描电镜、能谱仪、极化曲线及浸泡腐蚀等试验方法，主要得出如下结论：

（1）Mg-2Cu 合金中除了 α-Mg 基体之外，还含有 Mg_2Cu 中间相。加入不同量的 Al 之后，合金中不再含有 Mg_2Cu 中间相，除了 α-Mg 基体之外，形成了 $Mg_{17}Al_{12}$ 和 MgAlCu 两种中间相。

（2）Mg-2Cu 合金的力学性能最差，加入 Al 之后，合金的力学性能得到改善，Mg-5Al-2Cu 合金的综合力学性能最好，当 Al 含量增大到 9% 时，合金的强度和伸长率反而呈现降低趋势。

（3）通过浸泡析氢腐蚀和电化学实验可以得出四种合金的腐蚀速率依次如下：$v(Mg-2Cu) > v(Mg-3Al-2Cu) > v(Mg-5Al-2Cu) > v(Mg-9Al-2Cu)$，72h Mg-2Cu 析氢量超过了 $1440mL/cm^2$，Mg-3Al-2Cu 析氢量达到 $750mL/cm^2$，Mg-9Al-2Cu 析氢量仅有 $75mL/cm^2$。

参 考 文 献

[1] Song G, Atrens A. Corrosion Mechanisms of Magnesium Alloys [J]. Adv Eng Mater, 1999 (1): 11~33.

[2] Song G, Atrens A. Understanding Magnesium Corrosion—A Framework for Improved Alloy Performance [J]. Adv Eng Mater, 2003 (5): 837~858.

[3] Song G, Atrens A. Recent Insights into the Mechanism of Magnesium Corrosion and Research

Suggestions [J]. Adv Eng Mater, 2007 (9): 177~183.

[4] Feng H, Liu S H, Lei Y, et al. Effect of the second phases on corrosion behavior of the Mg-Al-Zn alloys [J]. J Alloys Compd, 2017, 695: 2330~2338.

[5] Chen Y, Yang Y G, Zhang W, et al. Influence of second phase on corrosion performance and formation mechanism of PEO coating on AZ91 Mg alloy [J]. J Alloys Compd, 2017, 718: 92~103.

[6] 冯振, 马天凤, 曹睿. 镁-铜异种金属连接技术研究进展 [J]. 焊接, 2015 (8): 8~12.

[7] Song G, Bowles A L, Stjohn D H. Corrosion resistance of aged die cast magnesium alloy AZ91D [J]. Materials Science & Engineering A, 2004, 366 (1): 74~86.

[8] Zhao M C, Liu M, Song G, et al. Influence of Microstructure on Corrosion of As-Cast ZE41 [J]. Adv Eng Mater, 2008 (10): 104~111.

[9] Zhao M C, Liu M, Song G, et al. Influence of the Beta-Phase Morphology on the Corrosion of the Mg Alloy AZ91 [J]. Corros Sci, 2008, 50 (7): 1939~1953.

[10] 胡斌, 彭立明, 曾小勤, 等. 镁合金在汽车领域中的应用 (一) ——镁合金在汽车领域的应用背景和发展现状 [J]. 铸造工程, 2007, 31 (4): 34~39.

[11] Liu B S, Wei Y H. Formation Mechanism of Discoloration on Die-Cast AZ91D Components Surface After Chemical Conversion [J]. Journal of Materials Engineering & Performance, 2013, 22 (1): 50~56.

7 AZ91-RE-xCu 合金的组织结构和性能

7.1 引言

AZ 系镁合金具有优良的铸造性能和力学性能[1]，是最常见的商业合金之一。目前，大量的研究工作集中在提高 AZ 系镁合金[2]的耐蚀性，如合金化和表面处理技术，以扩大其应用[3~10]，而对于高腐蚀速率的镁合金的开发和应用鲜有关注。

在商用的 AZ 系镁合金中，AZ91 由于其优良的铸造性、中等的强度和适当的价格[7]，可被认为是压裂球最有潜力的合金材料之一。因此，通过成分设计加速 AZ91 合金的腐蚀速率，提高其力学性能至关重要。根据已有的工作，可以通过 Cu 合金化来调节耐蚀性和力学性能，还可以基于晶粒细化强化提高力学性能[11, 12]。

为了探索镁合金作为新型压裂球材料的适用性，本章以 AZ91-RE 合金为基础材料，通过半连续铸造和热挤压技术制备了一系列具有不同 Cu 含量的 AZ91-RE 合金，其化学成分见表 7.1，就它们作为石油压裂球的原材料的可能应用进行了研究，研究了它们的微观结构、压缩力学性能和腐蚀行为。

表 7.1 AZ91-RE-xCu 合金的化学成分

样品	Si	Al	Zn	Cu	Fe	Ni	Y	Mg
AZ91-RE	0.11	9.08	1.18	0.022	0.003	0.001	0.20	Bal.
AZ91-RE-1Cu	0.10	9.04	1.07	1.04	0.003	0.002	0.23	Bal.
AZ91-RE-2Cu	0.12	8.97	1.12	1.94	0.002	0.002	0.20	Bal.
AZ91-RE-3Cu	0.11	9.04	1.05	2.97	0.004	0.003	0.25	Bal.
AZ91-RE-4Cu	0.12	9.27	1.11	3.82	0.002	0.002	0.24	Bal.

7.2 AZ91-RE-xCu 合金的微观结构演变

7.2.1 热力学相图计算

利用 Jmat-PRO 软件计算了设计的几种合金的热力学相图。图 7.1 所示为

AZ91-RE-xCu（x = 0、1%、2%、3%、4%，质量分数）合金的热力学相图。在不添加 Cu 的 AZ91-RE 合金中主要相组成为 α-Mg 基体、β-$Mg_{17}Al_{12}$ 和少量 AlMgZn 相。但是，添加 Cu 后，在 AZ91-RE-xCu 中新出现了 T-AlCuMgZn 相。另外，T 相的体积分数随着 Cu 浓度的增加而增加。同时，β-$Mg_{17}Al_{12}$ 和 AlMgZn 相逐渐开始减少。当 Cu 含量增加到 4%（质量分数）时，AZ91-RE-4Cu 合金中的主相变为 α-Mg 和 T 相，β-$Mg_{17}Al_{12}$ 则几乎不存在。值得注意的是，当将 Cu 添加到 AZ91-RE 合金中时，在高温下也会形成 $MgCu_2$ 和 Q-$Al_7Cu_3Mg_6$ 的新相，并且这些相的体积分数随 Cu 浓度的增加而增加。但是，当温度降至室温时，它们不会保留在微结构中。另外，在所有研究的合金中总是存在非常少量的 $Al_{11}RE_3$ 相。

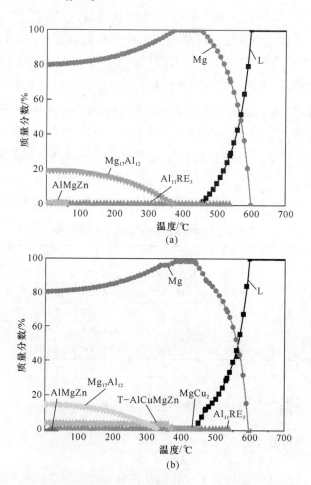

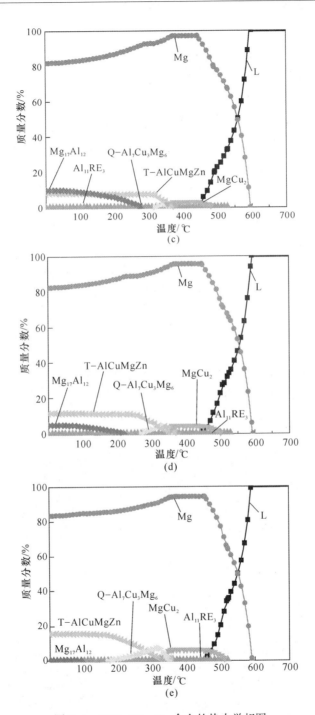

图 7.1 AZ91-RE-xCu 合金的热力学相图

(a) AZ91-RE；(b) AZ91-RE-1Cu；(c) AZ91-RE-2Cu；(d) AZ91-RE-3Cu；(e) AZ91-RE-4Cu

7.2.2　金相组织

图 7.2 所示为沿平行于挤压方向观察到的具有不同 Cu 含量的 AZ91-RE 挤压合金的光学显微组织，由图可以清楚地观察到平行于挤压方向的挤压带。挤压的 AZ91-RE-xCu 合金主要由细小的等轴 α-Mg 晶粒和沿晶界分布的深色金属间化合物组成。结合图 7.1 所示的相图，深色化合物很可能在无铜 AZ91-RE 合金中为 β-$Mg_{17}Al_{12}$，而在铜合金化的 AZ91-RE 合金中深色化合物为 T-AlCuMgZn 相。每种合金的晶粒尺寸均匀，这表明在挤压过程中发生了完全动态再结晶（DXR）。通过截线法测得挤压 AZ91-RE-xCu（x = 0、1%、2%、3% 和 4%）合金的平均晶粒尺寸分别为 16.2μm、13.1μm、9.5μm、7.1μm 和 8.9μm。从图 7.2 可以明显看出，当 Cu 含量在 0~3% 范围内时，晶粒尺寸得到了极大的细化，这意味着少量添加 Cu 可以明显细化晶粒。相反，当 Cu 增加至 4% 时，晶粒尺寸略微粗化至 8.9μm。随着 Cu 含量的增加，沿晶界分布的深色化合物也显著增加。在之前的报道中也提到过，添加 Cu 可以起到细

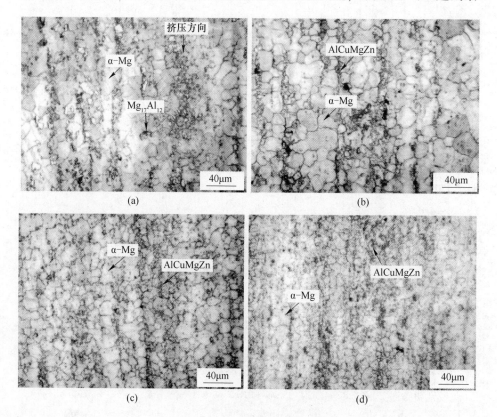

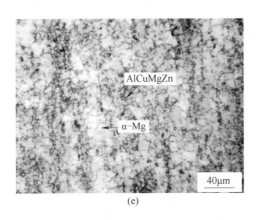

(e)

图 7.2　挤压 AZ91-RE-xCu 合金的显微组织

(a) AZ91-RE；(b) AZ91-RE-1Cu；(c) AZ91-RE-2Cu；(d) AZ91-RE-3Cu；(e) AZ91-RE-4Cu

化晶粒的作用[11, 12]。细小的析出相可以有效抑制挤压加工过程中 DRX 晶粒的生长，从而使晶粒尺寸细密均匀[11]。

　　近年来，人们一直在研究向镁合金中添加铜，并发现 Cu 可以显著晶粒细化[11~13]。人们普遍认为，合金元素在生长界面前的偏析对凝固过程中的晶粒细化起着重要作用。生长限制因子（GRF）被广泛用于描述元素的晶粒细化效应[14]。在二元合金系中，GRF 可定义为：

$$GRF = mC_0(k - 1)$$

式中，m 是液相线的斜率；C_0 是初始合金成分；k 是平衡分配系数。

　　GRF 越大说明溶质在凝固前沿之前形成成分过冷度的趋势更大，产生更细小晶粒的可能性越大[15]。在 Mg-Cu 系中，Cu 的 $m(k-1)$ 为 5.28，说明 Cu 是 Mg 晶粒细化的有效合金元素。而且，随着 Cu 含量的增加，GRF 逐渐变大，这与图 7.2 的结果一致。

7.2.3　SEM 组织观察与 EDS 分析

　　为了进一步研究这些化合物的形态和化学组成，进行了 SEM 和 EDS 分析，如图 7.3 和表 7.2 所示。从 SEM 图像中可以明显看出，明亮的压碎化合物沿挤压方向分布。由于 AZ91-RE 合金中的金属间化合物中 Mg/Al 比（质量分数,%）为 57∶42，因此推断大颗粒是 β-$Mg_{17}Al_{12}^{[7,10]}$；而 AlMgZn 相是相对较明亮的、较细小的带状颗粒，在图 7.3（a）中标记为 2。图 7.1（a）所示的无铜 AZ91-RE 合金的相图也证实了上述观察结果。

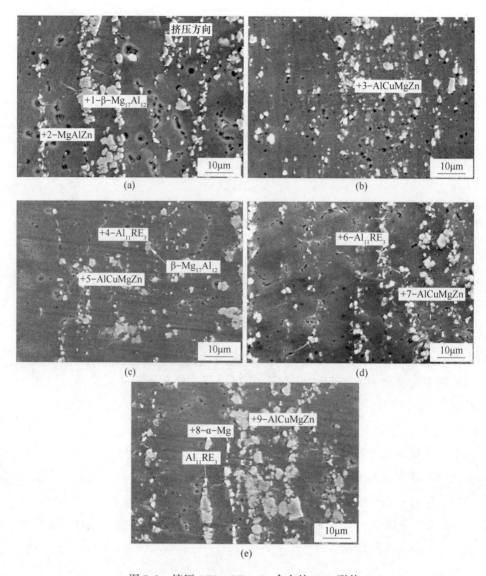

图 7.3   挤压 AZ91-RE-xCu 合金的 SEM 形貌

（a）AZ91-RE；（b）AZ91-RE-1Cu；（c）AZ91-RE-2Cu；（d）AZ91-RE-3Cu；（e）AZ91-RE-4Cu

表 7.2   通过 EDS 测试的图 7.3 中标记位置对应化学成分 （质量分数）

（%）

位置	元 素				
	Mg	Al	Cu	Zn	Y
1	57.41	42.14	—	0.45	—

位置	元 素				
	Mg	Al	Cu	Zn	Y
2	22.47	22.32	—	55.21	—
3	17.24	16.06	28.17	38.53	—
4	20.35	40.42	—	—	39.23
5	16.10	14.32	35.30	34.28	—
6	18.35	48.07	—	—	33.58
7	14.54	13.48	39.65	32.33	—
8	96.70	2.61	—	0.36	0.21
9	13.37	12.42	43.68	30.53	—

将 Cu 添加到 AZ91-RE 合金中时，就会出现新的 T 相[16]。如表 7.2 所示，通过 EDS 分析可见，尽管每种合金中的化合物中的 Mg、Al、Zn 和 Cu 含量不同，但是在含 Cu 的 AZ91-RE 合金中的析出相是 T 相。合金中 T 相的形成可能是由于凝固和挤压过程中 β-$Mg_{17}Al_{12}$ 相的分解所致。换句话说，β-$Mg_{17}Al_{12}$ 相的消耗导致 T 相的生长。显然，T 相在晶界处和在晶粒内部均匀弥散分布（图 7.3（b）~（e））。这是由于热挤压会导致剧烈的塑性变形和严重的热效应，从而导致沉淀物颗粒分散。众所周知，分布在晶界的沉淀物在晶粒细化中起重要作用，因为它们对晶界的迁移具有很强的钉扎作用。T 相的体积分数随着 Cu 含量的增加而增加，而 β-$Mg_{17}Al_{12}$ 颗粒的体积分数逐渐减小，直到在 AZ91-RE-4Cu 中消失（图 7.3（e））。此外，在所有研究的合金中还可以观察到少量的细针状 $Al_{11}RE_3$，这与从相图获得的结果一致（图 7.1），这种细小的含稀土析出相对晶粒细化也是有益的。在 α-Mg 基体上未检测到 Cu，这是因为 Cu 在 Mg 合金中的固溶度太低而无法通过 EDS 检测到。

7.2.4　XRD 分析

图 7.4 所示为挤压 AZ91-RE-*x*Cu（*x* = 0、1%、2%、3%、4%，质量分数）合金的 XRD 图谱。衍射峰的强度随 Cu 含量的增加而变化。AZ91-RE 合金主要由 α-Mg 基体和 β-$Mg_{17}Al_{12}$ 组成。与不含 Cu 的 AZ91-RE 合金相比，添加 Cu 之后合金中出现了新的 T 相，且 β-$Mg_{17}Al_{12}$ 相的衍射峰强度明显降

低。这些结果与由相图（图 7.1）和 SEM 图像（图 7.3）观察的结果完全一致。但是，由于合金中的 $Al_{11}RE_3$ 相含量太低，因此在 XRD 图中未发现 $Al_{11}RE_3$ 相的衍射峰。

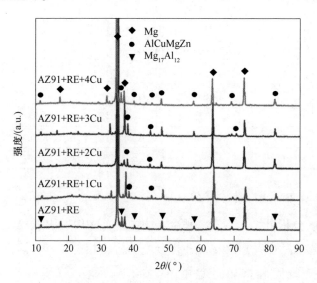

图 7.4　挤压 AZ91-RE-*x*Cu（*x*＝0、1%、2%、3%、4%，质量分数）合金的 XRD 图谱

7.3　AZ91-RE-*x*Cu 合金的力学性能

7.3.1　压缩应力-应变曲线

图 7.5 所示为不同 Cu 含量的 AZ91-RE 合金的典型压缩应力-应变曲线。表 7.3 为室温下测试的挤压合金的断裂强度（σ_f）、屈服强度（$\sigma_{0.2}$）和断裂应变（δ）。

表 7.3　挤压 AZ91-RE-*x*Cu（*x*＝0、1%、2%、3%、4%，质量分数）合金的力学性能

样品	断裂强度（σ_f）/MPa	屈服强度（$\sigma_{0.2}$）/MPa	断裂应变（δ）/%
AZ91-RE	368	164	11.78
AZ91-RE-1Cu	380	219	8.18
AZ91-RE-2Cu	394	225	8.66
AZ91-RE-3Cu	405	244	9.14
AZ91-RE-4Cu	371	202	8.37

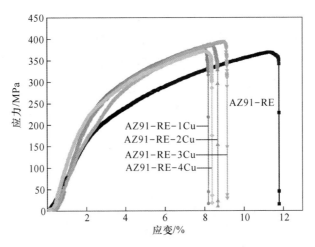

图 7.5　挤压 AZ91-RE-xCu（x=0、1%、2%、3%、4%，质量分数）合金的
压缩应力-应变曲线

从图 7.5 可以明显看出，Cu 含量对所研究合金的 $\sigma_{0.2}$ 和 σ_f 都有显著影响。当 Cu 含量增加到 3%（质量分数）时，σ_f 增大到最大值；而当 Cu 含量增加到 4%（质量分数）时，σ_f 几乎降低到不含 Cu 的 AZ91-RE 合金的水平。添加 Cu 之后的 AZ91-RE-xCu 合金的 σ_f 分别为 380MPa、394MPa、405MPa 和 371MPa。与不含 Cu 的合金的抗压强度（368MPa）相比，分别增加了 3.26%、7.07%、10.05% 和 0.82%。AZ91-RE-3Cu 合金的 σ_f 最大值为 405MPa，AZ91-RE-4Cu 合金的 σ_f 降至 371MPa。此外，添加了 Cu 的合金中的 $\sigma_{0.2}$ 也表现出与抗压强度类似的现象，这可能是由于细晶粒强化和第二相强化作用造成的。

首先，根据 Hall-Petch 公式有：

$$\sigma = \sigma_0 + kd^{-1/2} \tag{7.1}$$

式中，σ 为屈服应力；σ_0 为单晶的屈服应力；k 为常数；d 为晶粒尺寸。

通常，常数 k 的值随着 Taylor 因子的增加而增加，Taylor 因子由滑移系的数量决定[17]。与 FCC 和 BCC 结构金属相比，HCP 结构金属的滑移系有限，Taylor 因子更大，因此，HCP 结构的镁合金表现出晶粒细化对材料强化的影响更显著[18]。晶粒越细小，晶界含量越多，应力集中趋势越不明显，因为晶界可有效地阻碍裂纹扩展，这正是提高抗压强度的主要决定因素。因此，AZ91-RE-1Cu、AZ91-RE-2Cu 和 AZ91-RE-3Cu 合金的强度提高主要是通过细晶强化实现的。

如图 7.2 所示，在这几种合金中，随着 Cu 含量的增加晶粒逐渐被细化。显然，AZ91-RE-4Cu 合金的强度降低是由其晶粒粗化引起的（图 7.2（e））。

其次，强度的提高也很可能归因于新形成大量的、弥散的 T 相所致，如图 7.2 和图 7.3 所示。均匀分布的、细小的、颗粒状的 T 相可以阻碍位错滑移，这将通过 Orowan 机制强化合金[19]。也可以通过 α-Mg 很好地提高界面的完整性，从而有效地传递施加的压缩载荷[20, 21]。另外，在晶界上形成 T 相可以阻碍晶界迁移，细化晶粒，促进更多晶界的形成，这可以有效地抑制位错和微裂纹的扩散，因此，这也增加了合金的强度。但是，当 Cu 含量达到 4% 时（质量分数），T 相会长大，导致在 α/T 相界处更大的应力集中，从而降低了合金强度[22]。另外，从表 7.3 中可以看出，不同 Cu 含量的 AZ91-RE-xCu 合金的 δ 值都超过 8%。

7.3.2　断口分析

如图 7.6 所示，为了确定 AZ91-RE-xCu 合金的断裂机理，采用 SEM 电镜观察了压缩试验后合金的断口形貌。这些合金的断口都比较光滑，属于典型的剪切断裂。在压缩过程中，细小的 DRX 晶粒可以在剪切应力的作用下聚集在一起，从而沿着剪切方向形成相对于压缩轴向[23]倾斜 45° 的剪切变形带，如图 7.6（a）示意图所示。在不含 Cu 的 AZ91-RE 合金的断裂表面上可以清楚地看到平直的滑移线（图 7.6（b））。相反，当向 AZ91-RE 合金中添加 Cu 之后，断裂表面的特征表现为平直的断裂路径和不确定的断裂路径的组合形貌。特别是位于 AZ91-RE-3Cu 裂纹平面上的细小且分散的沉淀相将改变裂纹的扩展路径，从而促进网络缠结断裂（图 7.6（e））。严重的网络缠结必须匹配较大的断裂能。因此，AZ91-RE-3Cu 的断裂强度（σ_f）高于其他合金。

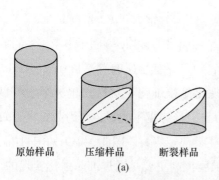

原始样品　　压缩样品　　断裂样品

(a)

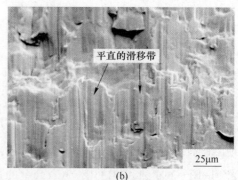

平直的滑移带

25μm

(b)

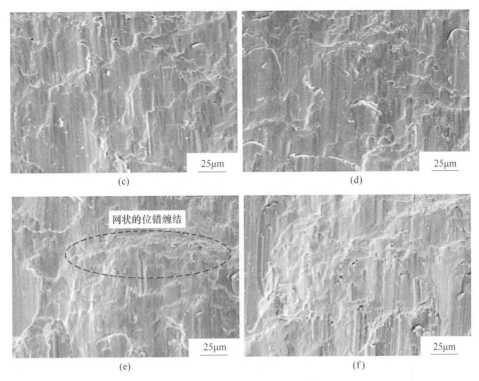

图 7.6　挤压 AZ91-RE-xCu 合金的压缩断口形貌

（a）断裂过程示意图；（b）AZ91-RE；（c）AZ91-RE-1Cu；（d）AZ91-RE-2Cu；

（e）AZ91-RE-3Cu；（f）AZ91-RE-4Cu

7.4　AZ91-RE-xCu 合金的腐蚀行为

下文使用浸泡腐蚀测试和电化学测量研究挤压 AZ91-RE-xCu 合金的腐蚀行为。

7.4.1　浸泡腐蚀

图 7.7 所示为挤压 AZ91-RE-xCu（$x = 0$、1%、2%、3%、4%，质量分数）合金在 3.5%（质量分数）NaCl 溶液中的析氢量与浸泡时间的关系。结果表明，AZ91-RE 合金每小时析出的氢气量增加并不多，而且产生的氢气总量也最少。随着浸泡时间的增加，从 AZ91-RE-xCu（$x = 1\%$、2%、3%、4%，质量分数）合金中析氢的速率增加，表明 AZ91-RE-xCu（$x = 1\%$、2%、3%、4%，质量分数）不仅发生腐蚀溶解，而且还随着浸泡时间的增加，腐

蚀溶解逐渐加速。随着 Cu 含量的增加，四种合金中产生的氢的总量增加。很明显，腐蚀速率遵循 AZ91-RE-4Cu> AZ91-RE-3Cu> AZ91-RE-2Cu> AZ91-RE-1Cu> AZ91-RE 的顺序。

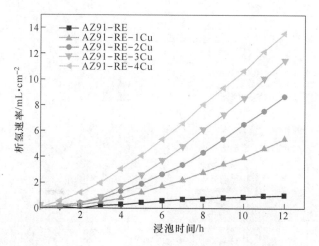

图 7.7　挤压 AZ91-RE-xCu（x=0、1%、2%、3%、4%，质量分数）合金浸泡在
3.5%（质量分数）NaCl 溶液中的腐蚀溶解动力学曲线

图 7.8 所示为 AZ91-RE-xCu 合金在 3.5%（质量分数）NaCl 溶液中腐蚀失重的柱状分布图。由图可见，随着 Cu 含量的增加，合金的失重率逐渐增加。AZ91-RE、AZ91-RE-1Cu、AZ91-RE-2Cu、AZ91-RE-3Cu 和 AZ91-RE-4Cu 合金的失重率分别为 0.0006mm/d、0.0044mm/d、0.0132mm/d、0.0172mm/d 和 0.0210mm/d。腐蚀速率结果与图 7.7 所示的实验结果一致。

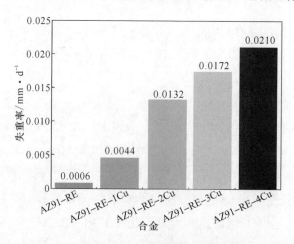

图 7.8　挤压 AZ91-RE-xCu 合金在 3.5%（质量分数）NaCl 溶液中浸泡 72h 的腐蚀失重柱状图

7.4.2 腐蚀形貌分析

宏观表面观察是评估镁合金腐蚀程度的一种重要方法。图 7.9 所示为在 25℃下浸入 3.5%（质量分数）NaCl 溶液中 10min、30min 和 12h 的所有合金的表面宏观形貌。由图可以清楚地观察到，在浸入 10min 后，不含 Cu 的 AZ91-RE 合金几乎没有出现明显腐蚀，只是样品表面失去了原有的金属光泽，颜色变暗；但是，含 Cu 合金发生了不同程度的腐蚀，并且随着 Cu 含量的增加，合金表面的腐蚀面积也逐渐增加。

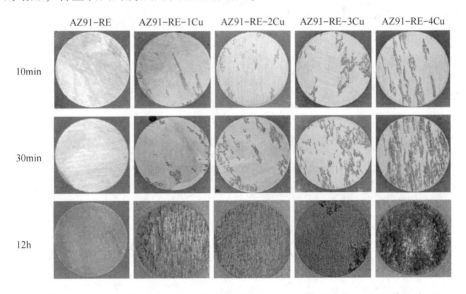

图 7.9 在 25℃下 AZ91-RE-xCu 合金浸入 3.5%（质量分数）NaCl 溶液中
不同时间的宏观形貌

浸泡 30min 后，合金的耐蚀程度差异明显增大。在 AZ91-RE 合金中腐蚀保持在失去光泽的阶段，并且与在 10min 时形貌的差异并不明显。在 AZ91-RE-xCu（x=1%、2%、3%、4%，质量分数）中，每种合金的腐蚀面积均比浸泡 10min 时有所增加，并且腐蚀速率存在明显差异。可以直观地判断腐蚀速率按以下顺序降低：AZ91-RE-4Cu>AZ91-RE-3Cu>AZ91-RE-2Cu>AZ91-RE-1Cu>AZ91-RE，图 7.7 中的析氢结果和图 7.8 中的失重结果完全一致。观察发现，AZ91-RE 合金中添加 Cu 后，丝状腐蚀开始，而且腐蚀首先发生在合金表面上的一些随机离散局部位置[24]。随着浸泡时间的增加，腐蚀迅速扩展到整个金属表面。

　　浸入 12h 后，无 Cu 的 AZ91-RE 合金几乎保持平整的表面；相反，添加 Cu 之后的 AZ91-RE-xCu 合金被严重腐蚀。除了 AZ91-RE-1Cu 的表面上残留少量金属光泽外，其他合金的表面都失去了原有的光泽。

　　图 7.10 所示为使用 SEM 观察的 AZ91-RE-xCu 合金在浸泡后的微观腐蚀形貌。由图可见，所有的样品都有均匀的腐蚀裂纹分布在去除表面腐蚀产物

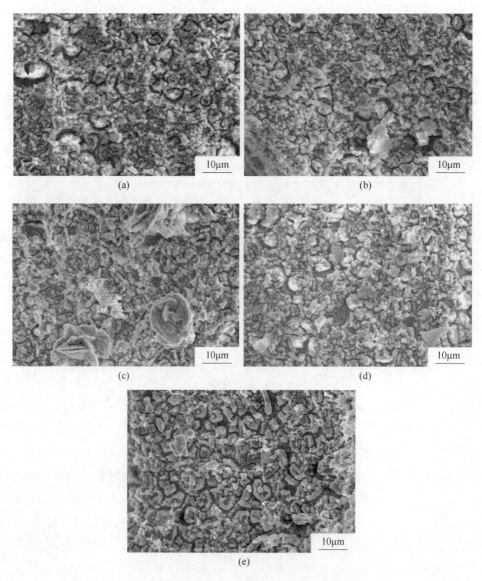

图 7.10　去除腐蚀产物后腐蚀样品的 SEM 形貌

（a）AZ91-RE；（b）AZ91-RE-1Cu；（c）AZ91-RE-2Cu；（d）AZ91-RE-3Cu；（e）AZ91-RE-4Cu

的样品表面。由图 7.10（a）可以看出不添加 Cu 的合金具有最少的裂纹数量和最小的裂纹扩展范围；由图 7.10（b）~（e）可以看出，随着 AZ91-RE-xCu 合金中 Cu 含量的增加，裂纹的数量和扩展逐渐增加。随着 Cu 含量的增加，腐蚀速率相应增加，这与之前的文献报道[20, 25, 26]中的发现是一致的。在这几种研究的合金中，AZ91-RE-4Cu 合金具有最高的腐蚀速率。

7.4.3 电化学腐蚀

图 7.11 所示为研究的几种合金的动电位电化学极化曲线。通过 Tafel 外推法对极化曲线进行拟合[22, 23]的结果列在表 7.4 中。由图 7.11 可见，随着 Cu 浓度的增加，曲线朝着电流密度增加的方向移动，表明合金的耐蚀性随着 Cu 含量的增加逐渐变差。AZ91-RE-4Cu 合金显示出最大的正电位，但阴极腐蚀电流密度（I_{corr}）最大，表明腐蚀驱动力最大。一般 I_{corr} 值可以更好地反映合金的耐腐蚀性。根据 I_{corr} 的拟合数据，Cu 的添加增加了合金的腐蚀电流密度；而且，随着 Cu 的浓度增加，合金的 I_{corr} 值增加。AZ91-RE-xCu（$x=$ 1%、2%、3%、4%，质量分数）合金的 I_{corr} 值分别为 2.7861×10^{-4} A/cm²、3.7325×10^{-4} A/cm²、7.4131×10^{-4} A/cm² 和 9.8039×10^{-4} A/cm²。添加 Cu 后形成的 T-AlCuMgZn 相显然充当阴极，可提高合金的腐蚀速率[26, 27]。总之，添加 Cu 可以提高 AZ91-RE 合金的腐蚀速率，而 AZ91-RE-4Cu 合金的腐蚀速率最高。

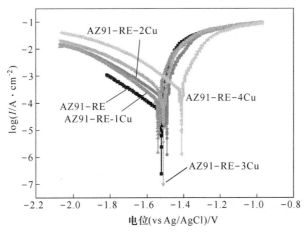

图 7.11　挤压 AZ91-RE-xCu（$x=$0、1%、2%、3%、4%，质量分数）

合金的电化学极化曲线

表 7.4　AZ91-RE-xCu（x=0、1%、2%、3%、4%，质量分数）合金极化曲线的拟合结果

样品	E_{corr}（vs Ag/AgCl）/V	I_{corr}/A·cm^{-2}
AZ91-RE	-1.519	5.372×10^{-5}
AZ91-RE-1Cu	-1.540	1.612×10^{-4}
AZ91-RE-2Cu	-1.490	1.918×10^{-4}
AZ91-RE-3Cu	-1.509	3.581×10^{-4}
AZ91-RE-4Cu	-1.410	5.012×10^{-4}

　　图 7.12 所示为 AZ91-RE-xCu（x=1%、2%、3%、4%，质量分数）合金的电化学阻抗谱（EIS）。所有合金均具有相似的 EIS 阻抗谱，表明合金具有相似的腐蚀机理。高频下的电容回路与电子传输和电化学双层有关，较大的回路半径表示较大的电荷传输电阻，因此使腐蚀更加困难[28]。在研究的几种合金中，AZ91-RE-4Cu 合金在高频下的电容环路直径最小。高频下的环路半径按以下顺序增加：AZ91-RE-4Cu <AZ91-RE-3Cu <AZ91-RE-2Cu <AZ91-RE-1Cu <AZ91-RE。

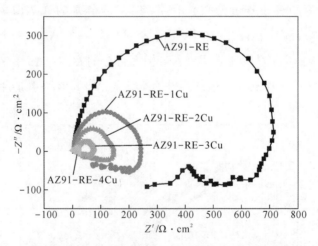

图 7.12　AZ91-RE-xCu（x=0、1%、2%、3%、4%，质量分数）合金在
3.5%（质量分数）NaCl 溶液中的 EIS 谱

　　为了进一步说明电化学阻抗，用图 7.13 所示的等效电路表征了 AZ91-RE-xCu（x=0、1%、2%、3%、4%，质量分数）合金的 EIS 光谱。表 7.5 给出了拟合 AZ91-RE-xCu（x=0、1%、2%、3%、4%，质量分数）合金的测试结果。图中，R_S 表示溶液电阻；CPE1 是恒定的相位角分量。当 $n=1$ 时，

CPE 是纯电容器；当 $n=0$ 时，CPE 是纯电阻器，R_1 是电荷转移电阻器。L_1 和 L_2 是电感器，R_3 和 R_4 是相应的电感电阻器。R_1 在某种程度上决定了材料的耐腐蚀性；R_1 的值越大表示耐腐蚀性越好。R_1 随合金中 Cu 含量的增加而降低，表明合金的耐蚀性变化表现出相同的规律性。这与 EIS 结果、质量损失和极化曲线结果一致。

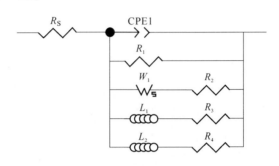

图 7.13 AZ91-RE-xCu（$x=0$、1%、2%、3%、4%，质量分数）合金 EIS 的等效电路

表 7.5 AZ91-RE-xCu（$x=0$、1%、2%、3%、4%，质量分数）合金 EIS 的拟合结果

样品	R_S /$\Omega \cdot$ cm^2	Y_0 /$\Omega^{-1} \cdot$ cm$^{-2} \cdot$ S^{-1}	n	R_1 /$\Omega \cdot$ cm^2	Y_0 /$\Omega^{-1} \cdot$ cm$^{-2} \cdot$ S^{-1}	B	R_2 /$\Omega \cdot$ cm^2	L_1 /H $\cdot$ cm^2	R_3 /$\Omega \cdot$ cm^2	L_2 /H $\cdot$ cm^2	R_4 /$\Omega \cdot$ cm^2
AZ91-RE	6.464	1.334× 10^{-5}	0.9344	693.8	7.582× 10^{-13}	5.217× 10^{12}	3.333× 10^{10}	757.9	1351	12150	1072
AZ91-RE-1Cu	6.858	7.204× 10^{-6}	0.9996	277.9	9.942× 10^{-5}	0.2603	269.5	1254	108.8	82.14	565.2
AZ91-RE-2Cu	6.565	1.952× 10^{-5}	0.9278	8.762× 10^8	1.717× 10^{-2}	0.2084	124.6	632.2	78.65	55.76	168.9
AZ91-RE-3Cu	6.782	1.914× 10^{-5}	0.8862	1.443× 10^7	2.862× 10^{-4}	0.01674	0.01834	283.7	17.28	22.22	65.34
AZ91-RE-4Cu	6.585	1.436× 10^{-5}	0.9920	20.05	8.733× 10^{-14}	4.246× 10^{-6}	8.699× 10^{13}	3.621	18.37	126.8	0.9575

　　众所周知，镁合金的腐蚀是晶粒尺寸和加工方法的函数，金属间相分布也影响腐蚀行为[26, 29, 30]。之前的研究表明，晶粒越小，镁合金的耐蚀性越好[29]。本章研究的合金中，随着 Cu 含量的增加，AZ91-RE-xCu 合金的晶粒尺寸减小；而随着 Cu 含量的增加，AZ91-RE-xCu 合金的溶解速率增加。因此，晶粒尺寸显然不是影响现有 AZ91-RE-xCu 合金溶解速率的主要因素。正

如其他典型的多相合金一样，金属间相倾向于加速基体的腐蚀。一般而言，Cu 在镁合金中可被视为杂质元素，可导致严重的电偶腐蚀[26]；而在本研究中，通过添加 Cu 后形成的 T-AlCuMgZn 相恰恰是提高合金腐蚀速率的关键因素[31]，这为研发可溶性镁合金材料提供了需要的腐蚀速率。

7.5　小结

研究了添加 Cu 对挤压 AZ91-RE-xCu（x=0、1%、2%、3%和4%，质量分数）合金的组织、力学性能和腐蚀行为的影响，得出以下结论：

（1）挤压态无铜 AZ91-RE 合金主要由 α-Mg 和 β-$Mg_{17}Al_{12}$组成。加入 Cu 后 β-$Mg_{17}Al_{12}$相分解，形成新的 T-AlMgZnCu 相。当 Cu 含量为 0~3%时，晶粒也会显著细化；当 Cu 含量增加到 4%时，晶粒尺寸略有粗化至 8.9μm。

（2）AZ91-RE-3Cu 的断裂强度（σ_f）和屈服强度（$\sigma_{0.2}$）均达到最大值，分别为 244MPa 和 405MPa，原因是细晶强化和第二相强化效应。

（3）随着 Cu 含量的增加，AZ91-RE-xCu 合金的腐蚀速率增大。AZ91-RE-4Cu 合金的分解速率最高，但抗压强度略有下降。

（4）AZ91-RE-3Cu 合金具有优异的抗压强度和腐蚀速率，有望成为新型石油压裂球的理想材料。

参 考 文 献

[1] Su M L, Zhang J H, Feng Y, et al. Al-Nd intermetallic phase stability and its effects on mechanical properties and corrosion resistance of HPDC Mg-4Al-4Nd-0.2Mn alloy [J]. J Alloys Compd, 2017, 691: 634~643.

[2] Esmaily M, Svensson J E, Fajardo S, et al. Fundamentals and advances in magnesium alloy corrosion [J]. Prog Mater Sci, 2017, 89: 92~193.

[3] Hu Z, Liu R L, Kairy S K, et al. Effect of Sm additions on the microstructure and corrosion behavior of magnesium alloy AZ91 [J]. Corros Sci, 2019, 149: 144~152.

[4] Kembaiyan K T, Keshavan K. Combating severe fluid erosion and corrosion of drill bits using thermal spray coatings [J]. Wear, 1995, 186~187 (2): 487~492.

[5] Zhang M X, Huang H, Spencer K, et al. Nanomechanics of Mg-Al intermetallic compounds [J]. Surf Coat Tech, 2010, 204 (14): 2118~2122.

[6] Lou B S, Lee J W, Tseng C M, et al. Mechanical property and corrosion resistance evaluation of AZ31 magnesium alloys by plasma electrolytic oxidation treatment: Effect of MoS_2 particle addition [J]. Surf Coat Tech, 2018, 350: 813~822.

[7] Liu B S, Wei Y H, Hou L F. Formation mechanism of discoloration on die-cast AZ91D components surface after chemical conversion [J]. J Mater Eng Perfor, 2013, 22 (1): 50~56. https://doi.org/10.1007/s11665-012-0209-0.

[8] Cai Q Z, Wang L S, Wei B K, et al. Electrochemical performance of microarc oxidation films formed on AZ91D magnesium alloy in silicate and phosphate electrolytes [J]. Surf Coat Tech, 2006, 200 (12~13): 3727~3733.

[9] Wang A H, Yue T M. YAG laser cladding of an Al-Si alloy onto an Mg/SiC composite for the improvement of corrosion resistance [J]. Compos Sci Technol, 2001, 61 (11): 1549~1554.

[10] Liu B S, Wei Y H, Chen W Y, et al. Protective compound coating on AZ91D Mg alloy fabricated by combination of cold spraying with die casting [J]. Surf Eng, 2015, 31 (11): 816~824.

[11] Hassan S F, Gupta M. Development of a novel magnesium-copper based composite with improved mechanical properties [J]. Mater Res Bull, 2002, 37 (2): 337~389.

[12] Xiao D H, Wang J N, Ding D, et al. Effect of Cu content on the mechanical properties of an Al-Cu-Mg-Ag alloy [J]. J Alloys Compd, 2002, 343 (1~2): 77~81.

[13] Ali Y, Qiu D, Jiang B, et al. Current research progress in grain refinement of cast magnesium alloys: A review article [J]. J Alloys Compd, 2015, 619: 639~651.

[14] Liu S F, Li B, Wang X H, et al. Refinement effect of cerium, calcium and strontium in AZ91 magnesium alloy [J]. J Mater Process Technol, 2009, 209: 3999~4004.

[15] Zhu S Z, Luo T J, Zhang T A, et al. Effects of Cu addition on the microstructure and mechanical properties of as-cast and heat-treated Mg-6Zn-4Al magnesium alloy [J]. Mat Sci Eng A, 2017, 689: 203~211.

[16] Zhou M, Liu C, Xu S, et al. Accelerated degradation rate of AZ31 magnesium alloy by copper additions [J]. Mater Corros, 2018, 69 (6): 760~769.

[17] Armstrong R, Codd I, Douthwaite R M, et al. The plastic deformation of polycrystalline aggregates [J]. Philos Mag, 1962, 7: 1079.

[18] Wei Y H, Liu B S, Hou L F, et al. Characterization and properties of nanocrystalline surface layer in Mg alloy induced by surface mechanical attrition treatment [J]. J Alloys Compd, 2008, 452 (2): 336~342.

[19] Scattergood R O, Bacon D J. The Orowan mechanism in anisotropic crystals [J]. Philos

Mag, 1975, 31 (1): 179~198. https://doi.org/10.1080/14786437508229295.

[20] Hassan S F, Ho K F, Gupta M. Increasing elastic modulus, strength and CTE of AZ91 by reinforcing pure magnesium with elemental copper [J]. Mater Lett, 2004, 58 (16): 2143~2146.

[21] Suresh M, Srinivasan A, Ravi K R, et al. Influence of boron addition on the grain refinement and mechanical properties of AZ91 Mg alloy [J]. Mat Sci Eng A, 2009, 525 (1~2): 207~210.

[22] Chen L, Wu Z, Xiao D H, et al. Effects of copper on the microstructure and properties of Mg-17Al-3Zn alloys [J]. Mater Corros, 2015, 66 (10): 1159~1168.

[23] Jia W T, Ma L F, Le Q C, et al. Deformation and fracture behaviors of AZ31B Mg alloy at elevated temperature under uniaxial compression [J]. J Alloys Compd, 2019, 783: 863~876.

[24] Nodooshan H R J, Liu W, Wu G, et al. Effect of Gd content on microstructure and mechanical properties of Mg-Gd-Y-Zr alloys under peak-aged condition [J]. Mat Sci Eng A, 2014, 615: 79~86.

[25] Geng Z, Xiao D, Chen L. Microstructure, mechanical properties, and corrosion behavior of degradable Mg-Al-Cu-Zn-Gd alloys [J]. J Alloys Compd, 2016, 686: 145~152.

[26] Zhou M, Liu C, Xu S, et al. Accelerated degradation rate of AZ31 magnesium alloy by copper additions [J]. Mater Corros, 2018, 69 (6): 760~769.

[27] Song G. Recent progress in corrosion and protection of magnesium alloys [J]. Adv Eng Mater, 2005, 47 (7): 563~586.

[28] Zhao M C, Schmutz P, Brunner S, et al. An exploratory study of the corrosion of Mg alloys during interrupted salt spray testing [J]. Corros Sci, 2009, 51 (6): 1277~1292.

[29] Hamu G B, Eliezer D, Wagner L. The relation between severe plastic deformation microstructure and corrosion behavior of AZ31 magnesium alloy [J]. J Alloys Compd, 2009, 468: 222~229.

[30] Alvarez-Lopez M, Pereda M D, Valle J A, et al. Corrosion behaviour of AZ31 magnesium alloy with different grain sizes in simulated biological fluids [J]. Acta Biomat, 2010, 6: 1763~1771.

[31] Zhang Y Z, Wang X Y, Kuang Y F, et al. Enhanced mechanical properties and degradation rate of Mg-3Zn-1Y based alloy by Cu addition for degradable fracturing ball applications [J]. Mater Lett, 2017, 195: 194~197.